江苏水文化丛书

水利典籍

ACIENT WATER CLASSICS

水文化丛书编委会 编

河海大学出版社
HOHAI UNIVERSITY PRESS

·南京·

图书在版编目（CIP）数据

水利典籍/水文化丛书编委会编. -- 南京：河海大学出版社，2023.1
（江苏水文化丛书）
ISBN 978-7-5630-8142-4

Ⅰ.①水… Ⅱ.①水… Ⅲ.①水利史—史料—江苏 Ⅳ.①TV-092

中国国家版本馆CIP数据核字（2023）第024939号

书　　名 /	水利典籍
	SHUILI DIANJI
书　　号 /	ISBN 978-7-5630-8142-4
策划编辑 /	朱婵玲
责任编辑 /	彭志诚
文字编辑 /	张嘉彦
特约校对 /	薛艳萍
装帧设计 /	杭永红
出版发行 /	河海大学出版社
网　　址 /	http://www.hhup.com
地　　址 /	南京西康路1号（邮编：210098）
电　　话 /	（025）83737852（总编室）
	（025）83722833（营销部）
排　　版 /	南京布克文化发展有限公司
印　　刷 /	南京迅驰彩色印刷有限公司
开　　本 /	787毫米×1092毫米 1/16
印　　张 /	15.25
字　　数 /	261千字
版　　次 /	2023年1月第1版
印　　次 /	2023年1月第1次印刷
定　　价 /	78.00元

"江苏水文化丛书"编委会

主　　　编：张劲松

副 主 编：孙文昀　吴卿凤　丁章华

本 册 编 著：戴甫青　张　莉　孙文昀

编写组成员：邓　韵　徐灿灿　甘莉琼

　　　　　　吴煜潇　姚枝彤　唐敦伟

　　　　　　王薇薇　朱嫒玲　马白昕

《江苏水文化丛书》总序

水是江苏最鲜明的符号。江苏境内河网纵横、湖泊众多，既有长江、淮河横贯东西，全国五大淡水湖占有其二（太湖、洪泽湖），又有人工开凿的京杭大运河沟通南北，还有近千公里的海岸线。水孕育了江苏文明，描摹出了这方水土的物阜民丰、文脉悠长，因此江苏的地域文化首先就是水文化。江苏先民在推动社会发展的历史进程中，在用水、治水、管水活动中创造了灿烂的文明，积淀了丰富的优秀水文化。从大禹治理太湖的"三江既入，震泽底定"，到吴王夫差开挖邗沟"沟通江淮"；从中国南北交通大动脉——大运河的开通，到明清为保漕粮北运而不断治理的清口、洪泽湖；从民国的"导淮"，再到中华人民共和国成立后兴起的数次治水高潮……江苏悠久的历史里，交织着治水人物、治水理念、治水制度的变化与变迁，这些物质和精神的凝结，形成了江苏独特的水文化遗产。

文化兴国运兴，文化强民族强。党的十九大报告中提出坚定文化自信，推动社会主义文化繁荣兴盛的伟大号召。以水利文化为主干的水文化是中国特色社会主义文化繁荣发展中的重要组成部分。国务院召开的全国冬春农田水利基本建设电视电话会议上，明确指出"要加强水文化建设"；江苏省政府出台的《江苏生态河湖行动计划（2017—2020年）》，将水文化建设列为重点任务。基于此，江苏省水利厅组织编写了"江苏水文化丛书"。

江苏优秀传统水文化遗产中，有丰富的工程类水文化遗产，如运河、陂塘、堤坝圩堰、水关涵闸、水文站等，又有桥梁、码头、渡口、井泉等与水有关的生活设施类遗产，以及水利管理建筑、祭祀纪念类建筑、水文化碑刻等。有历代修筑增高以控制水位的"水上长城"——洪泽湖大堤；有大运河沿线工程设施最多、投入最大，兼具蓄清、刷黄、济运、保航多种功用的综合性水利枢纽——清口水利枢纽；还有北起阜宁、南到启东，防止海水倒灌的范公堤，以及运河、黄河沿线的御笔碑刻、镇水铁犀等，这些都记录了历代治水的艰辛与不易，也为后世水利史研究提供了宝贵的资料。水工遗址背后，是铭刻在时间洪流里的一位位治水名贤和他们的治水思想：有提出"束水攻沙"的"千古治黄第一人"潘季驯；有系统筹划治理黄、淮、运并陆续实施的清代河道总督靳辅；有"修围、浚河、置闸"的范仲淹等，他们或亲自规划实施了河湖工程，或提出了水利科学管理的机制办法，其充满智慧的治水理念，至今仍有可借鉴之处。此外还有大量与水有关的诗词、音乐、书画、建筑、典籍等。

山中江上总关情。亲水护水，必先知水爱水，唤起人们对江河水脉的乡愁记忆。作为全省范围内首套水文化解读专著，丛书的出版是我省水文化事业的一次积极探索与尝试。希望该书的面世，能够带动江苏水文化发展，在此基础上，将水文化建设融入水利工作的各个方面，开展形式多样、内容丰富的水文化活动，让江苏悠久的水历史与灿烂的水文化深入人心，努力实现河通水畅、江淮安澜、水清岸绿、生物多样、人水和谐、景美文昌的建设目标。

是为序。

目　录

一、太湖流域

　　2　　1 宋代　单锷　《吴中水利书》
　　5　　2 明代　蔡升　《震泽编》
　　8　　3 明代　《吴中水利通志》
　13　　4 明代　归有光　《三吴水利录》
　16　　5 明代　沈启　《吴江水考》
　19　　6 明代　张内蕴、周大韶　《三吴水考》
　22　　7 明代　王圻　《东吴水利考》
　25　　8 明代　耿橘　《常熟县水利全书》
　28　　9 明代　张国维　《吴中水利全书》
　32　　10 清代　顾士琏　《吴中开江书》
　35　　11 清代　钱中谐　《三吴水利条议》
　38　　12 清代　金友理　《太湖备考》
　41　　13 清代　宋楚望　《太镇海塘纪略》
　45　　14 清代　庄有恭　《三江水利纪略》
　48　　15 清代　凌介禧　《东南水利略》
　51　　16 清代　陶澍　《江苏水利全书图说》
　54　　17 清代　陈銮　《重浚江南水利全书》
　57　　18 清代　王铭西　《常州武阳水利书》
　59　　19 清代　张崇俿　《东南水利论》
　62　　20 清代　李庆云　《续纂江苏水利全案》
　66　　21 清代　胡景堂　《阳江舜河水利备览》
　69　　22 清代　李庆云　《江苏海塘新志》
　73　　23 清代　《浚河录》
　76　　24 清代　《延寿河册》

1

78	25	民国		《武进市区浚河录》
81	26	民国		《江南水利志》
84	27	民国		《薛家浜河谱》
86	28	民国		《白茆河水利考略》

二、长江流域

90	1	明代	李昭祥	《龙江船厂志》
93	2	清代	马士图	《莫愁湖志》
96	3	清代	黎世序	《练湖志》
100	4	清代	金潨	《金陵水利论》
102	5	清代	尚兆山	《赤山湖志》
105	6	民国	夏仁虎	《秦淮志》

三、淮河流域

108	1	明代	胡应恩	《淮南水利考》
111	2	明代	陈应芳	《敬止集》
115	3	明代	张兆元	《淮阴实纪》
118	4	清代		《北湖小志》《北湖续志》《北湖续志补遗》
121	5	清代	刘台斗	《下河水利集说》
124	6	清代	朱楘	《下河集要备考》
126	7	清代		《南河成案》《南河成案续编》《南河成案又续编》
129	8	清代	刘文淇	《扬州水道记》
132	9	清代	冯道立	《淮扬水利图说》《淮扬治水论》
135	10	清代	范玉琨	《安东改河议》
138	11	清代	孙应科	《下河水利新编》
142	12	清代	董恂	《江北运程》
145	13	清代	丁显	《复淮故道图说》
149	14	清代	吉元、何庆芬等	《淮郡文渠志》
152	15	清代	刘宝楠	《宝应图经》
155	16	清代	徐庭曾	《邗沟故道历代变迁图说》
159	17	民国	赵邦彦	《淮阴县水利报告书》
162	18	民国	武同举	《淮系年表全编》

| 165 | 19 民国 | 胡澍 《扬州水利图说》 |
| 168 | 20 民国 | 胡焕庸 《两淮水利》 |

四、沂沭泗水系

| 172 | 1 明代 | 冯世雍 《吕梁洪志》 |
| 175 | 2 民国 | 谈礼成 《淮沂泗图说摘要》 |

五、综合

178	1 元代	任仁发 《水利集》
181	2 明代	席书 《漕船志》
184	3 明代	杨宏 谢纯 《漕运通志》
188	4 明代	刘天和 《问水集》
191	5 明代	潘季驯 《河防一览》
194	6 明代	朱国盛、徐标 《南河志》
197	7 清代	崔维雅 《河防刍议》
201	8 清代	靳辅 《治河奏绩书》 张霭生 《河防述言》
205	9 清代	张鹏翮 《治河全书》
209	10 清代	李昞 《木龙书》
212	11 清代	郭起元 《介石堂水鉴》
214	12 清代	包世臣 《中衢一勺》
217	13 清代	完颜麟庆 《河工器具图说》
219	14 清代	完颜麟庆 《黄运河口古今图说》
221	15 民国	武同举 《两轩剩语》
224	16	《行水金鉴》《续行水金鉴》《再续行水金鉴》
228	17 民国	武同举 《江苏水利全书》

附表

| 231 | 与江苏有关的水利典籍书目（本书未专门撰文介绍） |

一、太湖流域

1 宋代 单锷 《吴中水利书》

尝独乘小舟，往来于苏州、常州、湖州之间，经三十余年。凡一沟一渎，无不周览其源流，考究其形势。因以所阅历，著为此书。元祐六年，苏轼知杭州日，尝为状进于朝。会轼为李定、舒亶所劾，逮赴御史台鞫治，其议遂寝。明永乐中，夏原吉疏吴江水门，浚宜兴百渎。正统中，周忱修筑溧、阳二坝，皆用锷说。

——《四库全书总目提要》

《吴中水利书》，宋代单锷著。书名中的"吴"指吴地，其地域概念源于春秋五霸之一的吴国，其范围为长江以南、钱塘江以北，以苏州为核心的江东地区，也就是后来的太湖流域。宋代人书中所说"吴中水利""吴门水利""三吴水利"，皆指太湖地区水利。太湖，古称震泽，又名五湖，是我国第三大淡水湖，其流域内地势平坦，江河纵横交错，湖泊星罗棋布，自大禹治水，"三江既入，震泽底定"开始，其水利开发治理已有几千年的历史并积累了丰富的治水经验。唐中期以后，随着中国的经济重心南移，太湖流域逐渐成为全国最富庶的地区，

一、太湖流域

宋代学者范祖禹说"国家根本,仰给东南",而吴中又为东南根本。随着太湖流域的不断开发,太湖流域的水环境不断恶化。唐末五代以来,排泄太湖之水入海的三江之中,娄江、东江淤塞,仅剩吴淞江尚能排水入海,因此到了宋代,太湖流域的水患逐渐加剧,这一问题再次引起了官方以及民间的高度关注。针对太湖流域治理问题,宋代出现了一批研究太湖流域水利治理的人与著作,其中较为著名的就有单锷及其《吴中水利书》。

单锷,字季隐,常州宜兴(今江苏宜兴)湖汶人。北宋天圣九年(1031年)生,少年时期从学于"宋初三先生"之一、理学先驱胡瑗,颇见推重。嘉祐五年(1060年)中进士,大观四年(1110年)卒。单锷中进士之后,没有走仕途,而是留心老家太湖周边的水利,经过他近三十年调查研究,于元祐三年(1088年)写成《吴中水利书》。《四库全书总目提要》称其"尝独乘小舟,往来于苏州、常州、湖州之间,经三十余年。凡一沟一渎,无不周览其源流,考究其形势。因以所阅历,著为此书"。《吴中水利书》中记载了他对太湖地区水利治理的思考与主张。

在《吴中水利书》中,单锷提出"自西五堰,东至吴江岸,犹之一身也,五堰则首也,荆溪则咽喉也,百渎则心也,震泽则腹也,傍通太湖众渎,则络脉众窍也，吴江则足也。今上废五堰之固，而宣、歙、池、九阳江之水不入芜湖，反东注震泽，下又有吴江岸之阻，而震泽之水，积而不泄，是犹有人焉桎其手，缚其足，塞其众窍，以水沃其口，沃而不已，腹满而气绝，视者恬然，犹不谓之已死"。

单锷认为洪涝原因主要是"上废五堰之固，而宣、歙、池九阳江之不入芜湖，反东注震泽"，导致太湖来水大增；"下又有吴江岸之阻，而震泽之水，积而不泄"，即太湖泄水不畅。欲消除太湖地区水患，应先于下游开通吴江岸，疏浚太湖泄水通道，配合筑堤，导水分别入江、入海，加大太湖排水量；次于上源南京、常州等处来水北入长江，使西南广德、宣州等地之水不东注太湖，减少太湖入水量。

单锷出生的宜兴湖汶单家人杰地灵，在宋代就出了11个进士。嘉祐二年（1057年），单锷的哥哥单锡与苏轼、蒋之奇为同榜进士。嘉祐五年（1060年），单锷也中了进士。苏轼与单锡相识后，看他人品很好，将外甥女嫁给了单锡，两家结为亲家。苏轼被贬官之后，多次路过宜兴，常与单氏兄弟交往。苏轼十分欣赏单锷的才能，曾与单锷一起谈论太湖流域的水利治理。元祐三年（1088年），单锷写成《吴中水利书》。第二年（1089年），苏轼知杭州，因为之前曾与单锷研讨浙西水利的治理，因此对《吴中水利书》颇为赞赏。元祐六年（1091年），苏轼将《吴中水利书》献给朝廷，希望朝廷能"深念两浙之富，国用所恃，岁漕都下米百五十万石，其他财赋供馈不可悉数，而十年九涝，公私凋敝，深可愍惜。乞下臣言与锷书，委本路监司躬亲按行，或差强干知水官吏考实其言，图上利害"，可惜的是单锷的治水建议并未被上层所采纳实行。

《吴中水利书》原书有图，因"其图画得草略，未敢进上"，后已亡佚。书中所论，切中实际，在后世颇有影响，明代永乐中夏原吉、正统间周忱治理太湖水利，多采用其说。他对洪涝问题的见解，对于当前太湖水利的规划治理，仍有一定的参考价值。

《吴中水利书》版本较多，除了《苏东坡全集》卷五十九收录之外，尚有《四库全书》本、嘉庆海虞张氏《墨海金壶》本、道光金山钱氏《守山阁丛书》本，以及1936年商务印书馆《丛书集成初编》、1985年中华书局《丛书集成初编》再版的排印本、2020年中国水利水电出版社《中国水利史典（二期）·太湖及东南卷三》收录刘国庆的整理点校本。

2　明代　蔡升　《震泽编》

　　观夫操觚之妙，天机独运，中间有似《尔雅》者，有似《山海经》者，有似柳子厚诸山水记者，用能绘书造物，陈诸简牍，使人不必身造，可一审具，而敦本抑末，每寓言表。由是，是泽之大，由融结以来，秘而未宣者，率露于公之书而亦非徒作矣。

——杨循吉《震泽编·序》

　　《震泽编》，明蔡升撰，王鏊重修，是现存最早的太湖志。蔡升（1408—1475），字景东，明代南直隶苏州府吴县西山消夏湾（今苏州市吴中区）人，明代文学家。嗜学博览，工诗赋，壮岁游历楚越，终生未仕，著有《西岩集》《具区百咏》等。王鏊（1450—1524），字济之，号守溪，晚号拙叟，明代南直隶苏州府吴县洞庭东山陆港（今苏州市吴中区）人，明代名臣、文学家。成化十一年（1475年）进士，授翰林院编修，历任侍讲学士、吏部侍郎、户部尚书、文渊阁大学士等，传世有《震泽集》《震泽长语》《震泽纪闻》《姑苏志》等。

　　据民国《吴县志》记载，蔡升所撰之书本名《太湖志》，共十卷，其子还有一个《续编》。王鏊重修时，在蔡氏父子基础上删节成八卷，又取《禹贡》"三江既入，震泽底定"之语改称《震泽编》，杨循吉《震泽编序》中说："乃用旧志，芟其繁芜，稍括以文章家法，厘定之为八卷。凡所登载若水陆事物，皆泽所有，故据经语，总名之曰《震泽编》云。"

《震泽编》共八卷。卷一为《五湖》《七十二山》《两洞庭》。《五湖》介绍了历史上的五湖的称谓由来、大小等；《七十二山》则是太湖的七十二峰；《两洞庭》为西洞庭与东洞庭的历史及传说。卷二为《石》《泉》《古迹》。《石》除记宋代朱缅采太湖石的历史之外，还记载了各山的奇石，如鸡距石、神镇石、鹰头石、玄龟石、龙舌石、仙人石、鼋壳石、蟹壳石、石壁、龙床、石屋等；《泉》记载了无碍泉、毛公泉、石井泉等十五个泉的由来。《古迹》记载了"灵仙之境九"、"故国之墟十"与"先贤之遗迹八"，以及"第宅十有四""塚墓八"。卷三为《风俗》《人物》《土产》《赋税》。《风俗》记载了太湖百姓"以蚕桑为务""以商贾为生""以舟楫为艺""其土贵""其民勤""其俗厚""其屋宇固""其冠服朴""其婚丧俭而少文"；《人物》则有"以宦迹显者""以文学显者""以经学显者""以武功显者""以不仕显者""以贞节显者"；《土产》收录了太湖中的"水族"以及湖中诸山的水果、药物；《赋税》介绍了东、西洞庭山上的区划与地亩、赋税。卷四为《水利》《官署》《寺观庵庙》《杂纪》。《水利》包括"治田之法""浚下流之法""分支脉之法""开淤塞之法""疏远流之法""障来导往之法"；《官署》介绍了"在西洞庭的甪头巡检司"与"在东洞庭的东山巡检司"和"在马迹的香兰巡检司"；《寺观庵庙》记载了"佛寺之在西洞庭者十九庵院四""其在东洞庭之寺九庵十三""神庙之在诸山者十二";《杂记》记载乡村、渡口、桥梁、湾港、洲矶等名。卷五至卷七为《集诗》,其中卷五收录的是上自南北朝鲍照,下至明代吴宽等人咏太湖"湖"的诗词;卷六收录了上自唐代李频、牛僧孺,下至明代沈周,历代吟咏太湖"山""石""泉"的诗词;卷七为咏《宅第》《寺观祠庙》《杂咏》等诗词。卷八为集文,收录了西晋杨泉的《五湖赋》、唐代可频瑜的《洞庭献新橘赋》、宋代苏轼的《洞庭春色赋》等"赋";南朝陈沈炯的《林屋馆铭》、唐代白居易的《太湖石记》、令狐楚《送周先生住山记》等"铭记";附录收录了杨炳的《石涧先生小传》、吴敏的《叶伯昂传》、杨溥的《翰林修撰施君墓志铭》。

《震泽编》存世版本较多,有弘治十八年(1505年)林世远刻本,明万历四十五年(1617年)刻本,明三槐堂刻本,清抄本等多种。清代编纂《四库全书》时被收入存目丛书。2006年广陵书社出版《中国水利志丛刊》收录该书三槐堂刻本影印本。2020年中国水利水电出版社《中国水利史典(二期)·太湖及东南卷三》收录汤志波的整理点校本。

3 明代 《吴中水利通志》

不著撰人名氏。前七卷分序苏、松、常、镇并杭、嘉、湖诸府之水，而各以历代修浚之迹附载于后。次为《考议》二卷，次为《公移》三卷，次为《奏疏》三卷，次为《纪述》二卷。其叙事皆至嘉靖二年止，每卷之末，题嘉靖甲申锡山安国活字铜版印行。

——《四库全书总目提要》

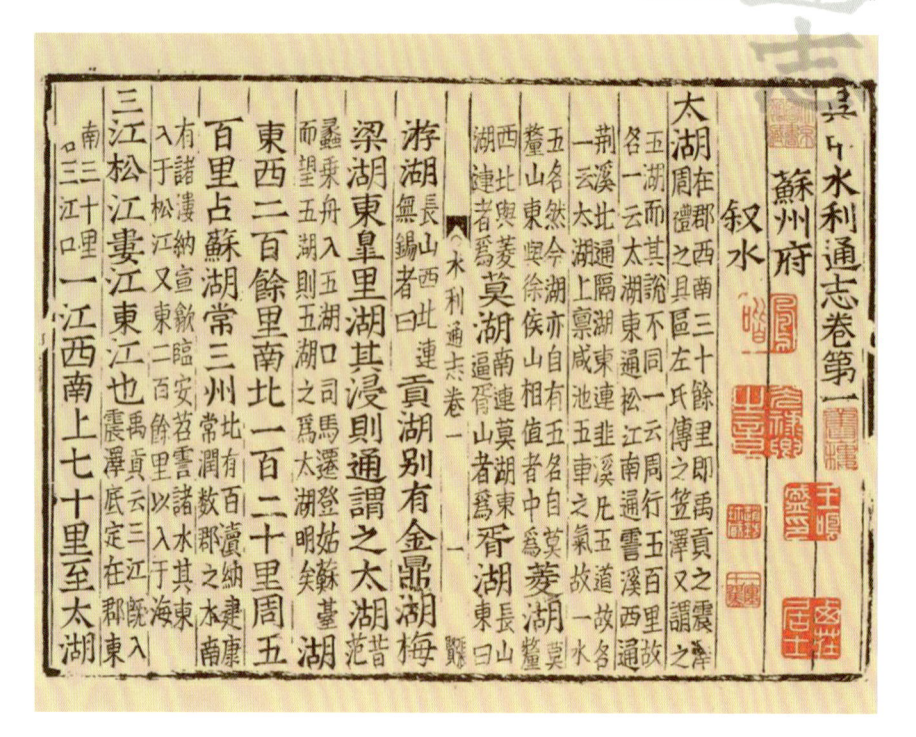

《吴中水利通志》，佚名撰，现存藏于中国国家图书馆，明嘉靖三年（1524年）锡山安国铜活字本。

安国（1481—1534），字民泰，号桂坡，无锡胶山（今安镇）人。富于资，善为铜活字印书。近代著名的文字版本学家叶德辉在其《书林清话》中的"明安国之世家"条记载:"安国,字民泰,无锡人。居积诸货,人弃我取,赡宗党,惠乡里。乃至平海岛,浚白茅河,皆有力焉。父丧,会葬者五千人。尝以活字铜版印《吴中水利通志》。"

安国不但用活字铜板刊印了《吴中水利通志》,也参加了当地的水利治理,明黄省曾《桂坡安征君传》记载:"辛巳(1521年)中丞西蜀李公治水于吴白茅塘者,西受昆承、李墓诸水以注于江也。永乐、景泰、弘治间凡三浚之,寻复湮阻,征君得其要领,往谒李公曰:'河身浚则土滑善崩,奈何?弗为釜形乎,可以不壅。'公从之,且檄而董焉。民皆鼓踊趋事,迄于今宣泄疏利。"《胶山安氏诗集·桂坡遗草》中称安国"浚白茅河诸大役,公皆有力焉"。

《吴中水利通志》共十七卷。卷一至卷七为《叙水》与《治绩》,记叙吴中七府湖泊河流及截止时间为嘉靖二年的历代水利工程(卷七湖州府截止时间为天顺四年)。其中,卷一介绍了苏州府,卷二介绍了松江府,卷三介绍了常州府,卷四介绍了镇江府,卷五介绍了杭州府,卷六介绍了嘉兴府,卷七介绍了湖州府。卷八、卷九为《考议》,辑录了历代有关吴中各地治水方法的论著。其中卷八收录了宋宜兴进士单谔《吴中水利书》,宋郏亶《苏州水利六失六得》《治田利害七事》;卷九收录了宋监进奏院李结《治田三议》,宋丹阳县知县赵必棣《修复练湖议》，元都水少监任仁发《水利议答》，元周文英《论三吴水利》，明浙江布政使何宜《水利策略》，梁寅《论田中凿池》，工部主事姚文灏《河渠私议》《九里河议》，前刑部主事张衎《总论水利》，松江学生金藻《三江水学》，金藻《三江水学或问》，金处和《论疏水种荬》，颜郎中如环《议开吴淞江略》。

卷十至十二为《公移》，辑录了历代中央及当地有关治理吴中水道的公文。其中，卷十收录了宋范文正公《上吕相书》，宋苏文忠公《申三省起请开湖六条状》，宋卫泾《与提举赵霖论水利书》，宋权华亭县黄震《申嘉兴府论修田塍状》，宋黄震《代平江府回马裕斋催泄水书》，元都水少监任仁发《言开江》，元潘应武《言决放湖水》《言水利便宜》，元都水庸田使麻哈马《治水方略》，元都水书吏吴执中《言顺导水势》《元立都水庸田使司》《元立行都水监》，元至大初《督治田围》《元泰定初开江》《元至顺后复开堰河》《元复立都水庸田使司》；卷十一收录了明朝夏忠靖公《治水始末》，工部左侍郎徐公贯《相视水利晓谕》，《吴金事瑎牒》，吴金事瑎《开挑吴淞江禁约》，伍金事性《禁约公文》，苏州府学教授林智《奉都宪牟公委巡水道呈文》，长洲儒士赵同鲁《上巡抚尚书王公书》，姚主事文灏《水利事宜》，杭州府《修复西湖呈文》，杭州府《议浚西湖事宜》，高金事江《议复西湖》，杭州府《修复西湖工完关文》，方知县豪《上都宪俞公书》，方豪《勘视阳城湖复治水都御史俞谏揭》，朱郎中衮《水利兴革事宜条约》《禁处海塘奸弊告示》。卷十二收录了巡抚工部尚书兼副都御史李公《札付应天等府州并杭嘉湖》、巡抚工部尚书兼副都御史李公《兴修水利告示》、颜郎中如环《治水事宜》《开浚吴淞江工完揭帖》、林郎中文沛《兴修水利呈文》《水利兴革事宜款示》。

卷十三至十五为《奏疏》，辑录了历代吴中地区官员和当地士绅有关当地水利的奏文。其中，卷十三收录了唐转运使刘晏《停免修筑练湖状》，南唐知丹阳县事吕延贞《浚治练湖状》，宋苏文忠公《乞开西湖状》《乞开石门河状》《进单锷水利书状》，宋提举浙西常平罗点《乞开淀湖围田状》，宋两浙提举常平赵霖《治水利害状》，宋两浙转运副使赵子潚《相视导水方略状》，宋两浙运判陈弥作《相度水利状》，宋史才、陈正同《言围田利害》，宋提举常平薛元鼎《相视水利状》，宋镇江府兵马钤辖王彻《奏开五浦状》，宋监察御史任古《言水利状》，宋两浙运判陈弥作《开诸浦状》，宋运副赵子潚《开浚塘浦状》，元丞相旭万杰《奏立水利衙门》，任仁发《奏立行都水监》；卷十四收录了明朝

一、太湖流域

夏忠靖公《治水奏》，巡抚侍郎周文襄公《水灾奏》，工部侍郎徐公《治水奏》，苏州府通判应能《兴修水利奏》，吏科给事叶绅《请赈饥治水奏》，举人秦庆《请设淘河夫奏》，车御史梁《复西湖奏》《工部覆开西湖奏》，巡视浙江都御史许公廷光《水利奏》，工部都给事中吴岩《兴修水利奏》《工部水利复奏》；卷十五收录了官保尚书兼副都御史李公《预处财用以兴修水利奏》《乞添差官员以兴修水利奏》《兴修水利奏》，马御史禄《议处水利奏》。

卷十六、十七为《纪述》，分别记载迄于嘉靖二年的七府历代水利工程的进行情况、各类文献。其中，卷十六收录了专门记载苏州府的唐左威卫录事参军刘允文《云和塘碑》，宋昆山主簿丘与权《至和塘记》，宋提举常平郑霖《重修至和塘记》，宋范文穆公成大《昆山县开塘浦记》《水利图序》，宋程公许《重开支川记》，宋平江府学教授谢原《重浚运河记》，元袁文清公桷《吴江重建长桥记》，《元名臣事略吴淞江记》，明朝进士范纯《重修沪渎龙王庙记》，王祭酒《吴县新建石塘记》，吴文定公《长洲县沙湖堤记》，杨主事循吉《治水纪绩碑》，姚主事文灏《重浚七鸦浦记》，倪文毅公《常熟浚许浦塘记》，祝贡士允明《重浚湖川塘记》；专门记载松江府的宋许正言克昌《华亭县浚河置闸碑》，宋章岘《开华亭县顾会浦记》，宋阳炬《重开顾会浦记》，明朝刑部员外郎潘暄《新凿都台浦记》，钱文通公溥《浚松江蒲汇塘记》，钱修撰福《上海县捍患堤记》；专门记载常州府的宋胡文恭公宿《晋陵浚渠记》，宋教授邹补之《毗陵重开后河记》，宋直院秘监王应麟《毗陵重浚后河记》，宋华文阁待制陆游《重修武进奔牛闸记》，宋试大司成蒋静《江阴河港堰闸记》，宋金书江阴军判官厅公事蒋惟晓《江阴开河记》，宋教授章洽《江阴治水记》，宋显谟阁待制蒋静《江阴重建黄田闸记》，元乡贡士陆文圭《江阴浚蔡泾闸记》，明朝杨文敏公《重建武进孟渎闸记》，学士尹公直《宜兴后袁河碑》；专门记载镇江府的宋李辠《镇江漕渠记》，宋郡守史弥坚《重浚归水澳记》，宋教授陈伯广《练湖增置斗门礧函记》，元海陵陈膺《重修练湖记》，元翟思忠《镇江路浚运河练湖记》，明朝吴祭酒节《镇江重开漕河记》。卷十七收录了专门记载杭州府的唐杭州刺史白乐天《钱塘湖石函记》，宋苏文忠公《杭州六井记》，宋安抚使周淙《重修六井记》，宋卢侍郎钺《重修六井记》，宋丁宝臣《杭州石堤记》，宋参政许应和《修筑杭州运河塘记》，宋余杭县丞成无玷《水利记》，宋徐安国《重修余杭县塘记》，宋于潜令邵文炳《重筑元丰塘记》《重开元丰塘记》《重筑乐平官塘记》《清涟上塘记》，明朝大学士谢公《修复西湖碑》；专门记载嘉兴府的宋秀水县《三塔白龙潭记》，明朝魏文靖公骥《海盐重修捍海塘记》，刑部尚书屠公勋《重修海盐塘记》，林郎中文沛《重修海盐石塘记》；专门记载湖州府的元《吴兴新复清塘记》，明朝翰林检讨方谟《吴兴重建长桥记》。

《吴中水利通志》有铁琴铜剑楼旧藏明刻本十七卷，现藏于中国国家图书馆，除书口无刻工姓名外，其余如文字内容、行款版式等均与此活字本相同。清代编纂《四库全书》时被收入存目丛书。2006年广陵书社出版《中国水利志丛刊》收录该书铜活字本影印本。2015年中国水利水电出版社《中国水利史典·太湖及东南卷一》收录杜怡顺的整理点校本。

4　明代　归有光　《三吴水利录》

　　有光居安亭，正在松江之上，故所论形势脉络最为明晰。其所云宜从其湮塞而治之，不可别求他道者，亦颇中要领。言苏松水利者，是书固未尝不可备考核也。

——《四库全书总目提要》

钦定四库全书

三吴水利录卷一

明　归有光　撰

夏书曰淮海惟扬州彭蠡既瀦阳鸟攸居三江既入震泽底定周礼东南曰扬州其山镇曰会稽其泽薮曰具区其川三江其浸五湖世言震泽具区今太湖也五湖孜也汉司马迁作河渠书班固志沟洫於东南之水略庄太湖之间而吴淞江为三江之一其说如此然不可矣自唐而後漕挽仰给天下经费所出宜有经营疏利害之论前史阙之宋元以来始有言水事者然多命官遣吏苟且集事奏复之文搪塞说非较然之见今取其颇学二三家著于篇

郏亶书二篇

天下之利莫大於水田水田之美无过於苏州然自唐末以来经营至今未见其利者其失有六一曰苏州东枕海北接江东开昆山之张浦芜泾七鸦三塘而导诸

　　《三吴水利录》共四卷，《续录》一卷，明归有光编撰。

　　归有光（1507—1571），字熙甫，又字开甫，号震川，又号项脊生，世称"震川先生"，苏州府昆山县（今江苏省昆山市）宣化里人，明朝中期散文家。嘉靖十九年（1540年），归有光中举人，之后参加会试，八次落第，遂徙居嘉定安亭江上，读书谈道。嘉靖四十四年（1565年），归有光得中进士。及第后历任长兴知县、顺德通判、南京太仆寺丞等职，一度留掌内阁制敕房，参与编修《世宗实录》。隆庆五年（1571年），归有光病逝。归有光与唐顺之、王慎中并称为"嘉靖三大家"，有《震川集》《易经渊旨》《文章指南》《三吴水利录》等著作传世。

明中后期吴中地区堤防废坏，水旱灾害不断，归有光定居嘉定安亭，其治学同时关注百姓水患之苦，"潜心先贤治水方略，遍访故家野老"，于嘉靖四十年（1561年）撰成《三吴水利录》。

《三吴水利录》共四卷。卷一为郑亶书二篇、郑乔书一篇。郑亶书即《苏州水利六失六得》与《治田利害七事》，郑乔书即郑乔《论水利》。卷二为苏轼奏疏、单锷书，即苏轼向朝廷进奏书与单锷《吴中水利书》《五堰水利》。卷三为周文英书一篇，附金藻论。该卷收录了元代江南水利专家周文英关于太湖周边水利的论著，以及成化年间上海金藻《论治水六事》。卷四为归有光自作《水利论》《水利论后》《〈禹贡〉三江图》及其《叙说》,《松江下三江口图》及其《叙说》,《松江南北岸浦》《元大德八年都水监开江丈尺》《天顺四年崔都御史开江丈尺》。《续录》一卷，收录《奉熊分司水利集并论今年水灾事宜书》《寄王太守书》，为归有光与友人论水利书札，与《水利论》可互为表里。归有光之子归子宁又作《慎水利》《论东南水利复沈广文》《书三吴水利录后》，编为《附录》一卷，附于书后。

归有光此书选取郑亶、郑乔、单锷、周文英等数人之说，将宋元以来关于太湖流域水利问题的主要论著收罗在内，堪称是一部太湖流域的水利学说史著作。在此基础上，归有光对前人之说多有评论，他在卷四《水利论》指出太湖流域水灾的原因，并提出"以治吴中之水，宜专力于松江。松江既治，则太湖之水东下，而他水不劳余力"的根本思路与具体方案。

后世对归有光的《三吴水利录》评价甚高，《四库全书总目提要》中说："有光居安亭，正在松江之上，故所论形势脉络最为明晰。其所云宜从其湮塞而治之，不可别求他道者，亦颇中要领。言苏松水利者，是书固未尝不可备考核也。"

林则徐曾在嘉定归有光祠题一联："儒术岂虚谈？水利书成，功在三江宜血食；经师偏晚达，篇家论定，狂如七子也心降。"其对归有光在水利方面的贡献和经学方面的成就作出了高度评价。

《三吴水利录》有清别下斋校本，清代编纂《四库全书》时被收入存目丛书。2006年广陵书社出版《中国水利志丛刊》收录该书刻本影印本。另有民国年间《丛书集成初编》本。2015年中国水利水电出版社《中国水利史典·太湖及东南卷一》收录汤志波的整理点校本。

5　明代　沈㴶　《吴江水考》

是书大旨以吴江为太湖之委，三江之首。凡苏、松、常、镇、杭、嘉、湖七郡之水，其潴于湖，流于江，而归于海者，皆总汇于此。故述其源委之要，蓄泄之方，辑为一编。前二卷曰《水图考》《水道考》《水源考》《水官考》《水则考》《水年考》《堤水岸式》《水蚀考》《水治考》《水栅考》，后三卷皆《水议考》，乃㴶晚岁家居所辑。至国朝雍正中，其八世孙守义复为校正刊行。《江南通志》称其于水道最为详核。

——《四库全书总目提要》

沈㴶（1491—1568），字子由，松陵镇北门（今江苏吴江）人。嘉靖十七年戊戌科（1538年）二甲三十四名。他中进士后，授南京工部营缮司主事。他学问渊博，尤邃于《易》，对于古今情势和变革的见解都十分卓越，一生著作丰富，其中主要科技著作有《南船纪》《吴江水考》等，是中国历史上著名的水利和造船专家。

明嘉靖元年（1522年）太湖泛滥，湖滨三十里内，人畜房屋漂没殆尽，嘉靖四十三年（1564年）沈㳖著《吴江水考》。他在序中说，该书是他"归田数年，躬睹乡国之艰辛"而作，全书是对吴江一地历代水利之总括。

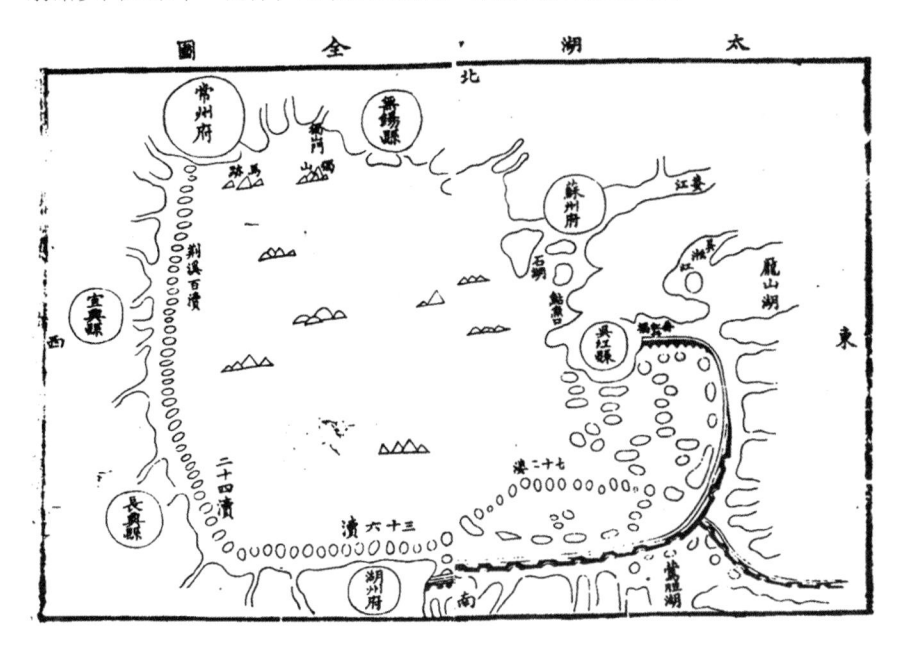

《吴江水考》共五卷。卷一为《水图考》《水道考》《水源考》等三章。其中《水图考》收录了《吴江水利全图》《太湖全图》《苏州府全图》《东南水利七府总图》《吴淞江全图》《娄江全图》《白茆江全图》；《水道考》收录了太湖及其周边十八港、七十二溇等水道情形；《水源考》收录了环太湖周边杭州、湖州、宜兴、建平，以及太湖上游的宣城、应天、镇江水源，分杀湖势之河则有武进之港二十、无锡之港十。

卷二为《水官考》《水则考》《水年考》《堤水岸式》《水蚀考》《水治考》《水栅考》等七章。其中《水官考》收录了水利监官，上起三代虞舜时"伯禹作司空"，下至嘉靖四十五年，改差巡盐御史兼管。《水则考》则收录了南宋吴江县长桥垂虹亭旁竖立的水则碑两座。其中左水则碑为横道水则，记录历年最高水位，该碑"面横七道，道为一则，以下一则为平水之衡。水在一则，则高低田俱无恙；过二则，极低田淹；过三则，稍低田淹；过四则，下中田淹；过五则，上中田淹；过六则，稍高田淹；过七则，极高田俱淹。如某年水至某则为灾，即于本则刻曰：'某年水至此。'凡各乡都年报水灾，虽官司未及远临踏勘，而某等之田被灾，不被灾者，已豫知于日报水则之中矣""右石一碑，分上、下为二横，每横六直，每直当一月。其上横六直刻正月至六月，下横六直刻七月至十二月。每月三旬，月下又为三直，直当一旬。三季一十八旬，凡一十八直。其司之者，每旬以水之涨落到某则报于官，其有过则为灾者刻之，法如前意。当时必有掌水之人较晴量雨，体阪经畴，时为呈报，俾长民者因为捍患之图而今不可见矣"。水则碑不仅是观测水位所用的标尺，也是历年最高洪水位的原始记录。由此可见，在宋代太湖地区已经有统计汛期农田被淹面积的水位观测制度。《水年考》收录了上起宋文帝元嘉中，"三吴水潦，谷贵人饥"；下至嘉靖四十年，"宿潦自腊，春霪徂夏，兼以高淳东坝决五堰，下注太湖，襄陵溢海，六郡全淹。秋冬淋潦，塘市无路，场圃行舟，吴江城崩者半，民庐漂荡，垫溺无算；村镇断火，饥殍无算；幼男稚女，抛弃津梁，汨没无算；寒士贞妇，假贷不通，刎缢无算；枵肠食粥，仆毙无算"的水旱灾害情形。《堤水岸式》介绍了围岸的高宽丈尺以及养护制度。《水蚀考》记载了蚀于水的田亩数，因为"欲修利者，不可不先根究其害"。《水治考上》收录了上起《禹贡》"三江既入，震泽底定"，下至嘉靖三十八年，"巡抚都御史翁大立题请差官兴修水利，不行"的历代治水记录。《水治考下》收录了牛茅墩、南仁河、江漕路、八斥运河等河道的开浚丈尺之数。《水栅考》收录了"甃石筑土为坝，列木通水为栅"之后，长桥司、简村司、平望司、震泽司、因渎司、烂溪司、汾湖司、同里司所属河道桥梁，以及水课情形。

卷三、卷四、卷五均为《水议考》，记载上自梁大通三年昭明太子上疏，下至明嘉靖年间，凌云翼《谨奏为东南水利积废恳乞圣明专设督理宪臣以拯民生以裕国赋事》等历代太湖治水名人的议论，其文种有奏疏、公移、上书等，是一部记载太湖水利的重要文献。

乾隆二年（1737年），清代学者徐大椿称赞此书"非特为吴江水利之书，乃苏、松、常、镇、杭、嘉、湖七郡水利之书""其书最为典核，后之谈水利者，如林应训《三吴水利考》，张国维《吴中水利全书》，皆取法公书，以此颇有条理，真东南水利不刊之典也"。

《吴江水考》虽成书于嘉靖末年，但明代的版本早已不可得。有清雍正十二年（1734年）吴江沈守义本，乾隆五年（1740年）刻本，光绪二十年（1894年）刻本等，清代编纂《四库全书》时被收入存目丛书。2006年广陵书社出版《中国水利志丛刊》收录该书影印本。2015年中国水利水电出版社《中国水利史典·太湖及东南卷一》收录杜怡顺的整理点校本。

6 明代 张内蕴、周大韶 《三吴水考》

著水利图说，为册十六卷，有诏令、水源、水道、水年、水官、水议、水疏、水移、治水、治田、水绩、水文，终焉，用以告夫将来官水者。嗟夫！治水犹医治疾，然图说其方也，视民饥溺由己，而抱康济实心，犹医活人心也。方策具在，医国者执而用之，以行其济人利物之心，要取经用于世间，其所以康济奕世者博矣。

——徐栻《三吴水考·序》

《三吴水考》，明张内蕴、周大韶同撰。张内蕴为吴江生员，周大韶为华亭监生。该书编纂过程现已不得而知，《四库全书总目提要》中称："其始末则均未详也。初，万历四年，言官论苏、松、常、镇诸府水利久湮，宜及时修浚，乞遣御史一员督其事。乃命御史怀安林应训往。应训相度擘画，越六载蒇功，属内蕴等编辑此书。前有万历庚辰徐栻序，称为《水利图说》。而辛巳刘凤序、壬午皇甫汸序则称《三吴水考》。盖书成而改名也。汸序称应训命诸文学作，而栻、凤序皆称应训自著，亦复不同。考书中载应训奏疏、条约，皆署衔署姓而不署其名,似不出于应训手,殆内蕴等纂辑之,而应训董其成尔。"

《三吴水考》十六卷,前冠万历八年徐栻、万历九年刘凤、万历十年皇甫汸序言三篇及纪略一篇。卷一为《诏令》,收录了朱元璋还是吴国公时以康茂才为营田使的诏令,以及宣德五年、正统九年敕谕工部右侍郎周忱的诏书,嘉靖中敕谕巡抚都御史欧阳必进的诏书,隆庆六年七月二十八日诏书,万历四年敕谕监察御史林应训的诏书。卷二为《水利大纲》,附《三吴水利图》,首载太湖、三江、海,继以捍海塘、运河、天关、闸斗,然后是《三吴水利总图》及图说、《三吴水利考》《三吴水利考序说》《太湖考》《应天府属水源》《杭州府水源》《湖州府水源》《嘉兴府水源》。卷三为《苏州府水利考》《苏州府水利节目》,以及长洲县、吴县、吴江县、昆山县、常熟县、太仓州、嘉定县、崇明县《水利图》《水道考》。卷四为《松江府水利考》《松江府水利总图》《松江府水利节目》,以及华亭县、上海县、青浦县《水利图》《水道考》。卷五为《常州府水利考》《常州府水利总图》《常州府水利节目》,以及武进县、无锡县、宜兴县、江阴县、靖江县《水利图》《水道考》;《镇江府水利考》《镇江府水利总图》《镇江府水利节目》,以及丹徒县、丹阳县、金坛县《水利图》《水道考》。卷六为《水年考》,收录上自宋元嘉中,"三吴水,岁饥,诏发会稽、宣城二郡米谷,赐被水人";

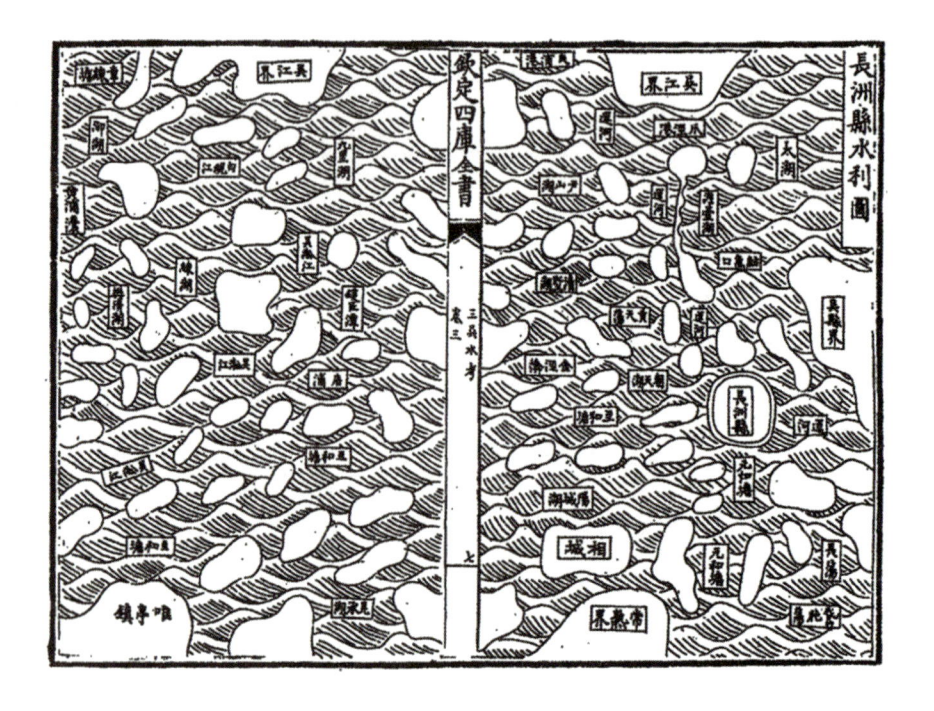

下至万历九年,"八月十六日,骤雨淹田,大风损稼"的水旱灾害。卷七为《水官考》,记载历代以来宰臣、部台、寺卿、台臣、藩臣、臬臣、运司、武职、水部、刺史、郡守、郡贰、县令、县佐治水事宜,附王安石、王同祖、王叔杲等专官议。卷八、卷九为水议考,其中卷八收录了范仲淹《上宰臣书》、朱长文《治水篇》、郏亶《水利书》等十八篇水利论著;卷九收录了编修王同祖《工计议》、昆山知县方豪《水利议》等十三篇,以及"水则"张内蕴、周大韶、陈王道水利论著七篇。卷十至十二为《奏疏考》,记录了从唐至明万历期间各级官员为治理三吴水利所上奏的状、条、奏、疏等。卷十三为《水移考》,收录了宋知县赵必棣《修复练湖议》、明佥事吴瑄牒略、郎中朱衮《禁处海塘奸弊》等治水公文。卷十四为《水田考》,郏亶、李结、范成大、何宜、张铎等人关于围田治理的论著。卷十五为《水绩考》,记录考证了从先秦至明万历四年,历朝各代治理三吴水利的事迹。卷十六为《水文考》,收录了唐宋以来的治水碑记以及祭文,后有青浦县知县屠隆《水利总论》,以及刑部郎中钱有威、吴江知县徐元、武进知县孙一俊、诸生王稚登的"后序"。

《三吴水考》是一部内容丰富、图文并茂、价值很高的水利著作。其版本有明万历年间的刻本,清代编纂《四库全书》时被收入其中。

7　明代　王圻 《东吴水利考》

国家岁转漕四百万石仰给东南，日享租输之入而忘蓄泄之。自吏兹土者幸而雨旸时若以获岁登。然自戊子以达戊申二十年中，三见水旱，临变而思便宜，岂复有安集之鸿雁哉！王公生长水乡，目击艰苦，故纂集斯编，肤络源委，分合出入，无不赅具，而挈其大纲，责成守土。伟哉，经国之远猷！宁直一隅之考镜耶？

——张宗衡《东吴水利考·叙》

《东吴水利考》，明代王圻撰。王圻（1530—1615），字元翰，号普始，上海县江桥人（当时属青浦县，今属嘉定）。明文献学家、藏书家。嘉靖四十四年（1565年），王圻中进士，历任清江知县、万安知县，后擢御史，以敢于直言，与当时宰相张居正等意见相左，黜为福建佥事，又以事降为邛州判官。张居正去世后，王圻复起，任陕西提学使、神宗傅师、中顺大夫、资治尹，授大总宪。明万历二十三年（1595年），王圻辞官回乡，隐居松江之滨梅花源。在村里植梅万株，谓之"梅花源"，自号"梅源居士"，以著述为事。

一、太湖流域

　　王圻家富藏书，万历间与宋懋澄、施大经、俞汝楫称松江府四大藏书家。王圻学问渊博，著述宏丰，所著的二百五十四卷的《续文献通考》，是继元人马端临《文献通考》后至近代以前唯一一部私人撰述的典制通史，在中国文献学史上尤具价值。王圻传世的有《重修两浙盐志》《谥法通考》《东吴水利考》《三才图会》《稗史汇编》等书。

　　《东吴水利考》共十卷，四十篇，卷首为松江府知府张宗衡所作叙。卷一至卷九为《图》《图考》《图说》，卷十为历代名臣水利奏议。书中主要辑录苏、松、常、镇、嘉、湖六郡水利资料，对苏、松、常、镇四府水利记载尤详。其中，卷一为《东吴七郡水利总图说》《七郡水利四至考略》《江海总图说》《沿海泄水港口图说》《海溢并筑塘考略》。卷二为《太湖港溇泄水图说》《太湖考略》《受水湖浦淹荡考》《大江泄水港浦图说》《三江考》《溧阳五堰考》《土冈堰闸考》。卷三为《苏州府水利图说》《长洲县水利图说》《吴县水利图说》《太仓州水利图说》。卷四为《昆山县水利图说》《常熟县水利图说》。卷五为《嘉定县水利图说》《吴江县水利图说》《崇明县水利图说》。卷六为《松江府水利图说》《华亭县水利图说》。卷七为《上海县水利图说》《吴淞江图考》《青浦县水利图说》。卷八为《常、镇二府水利总图说》《常州府水利图说》《武进县水利图说》《无锡

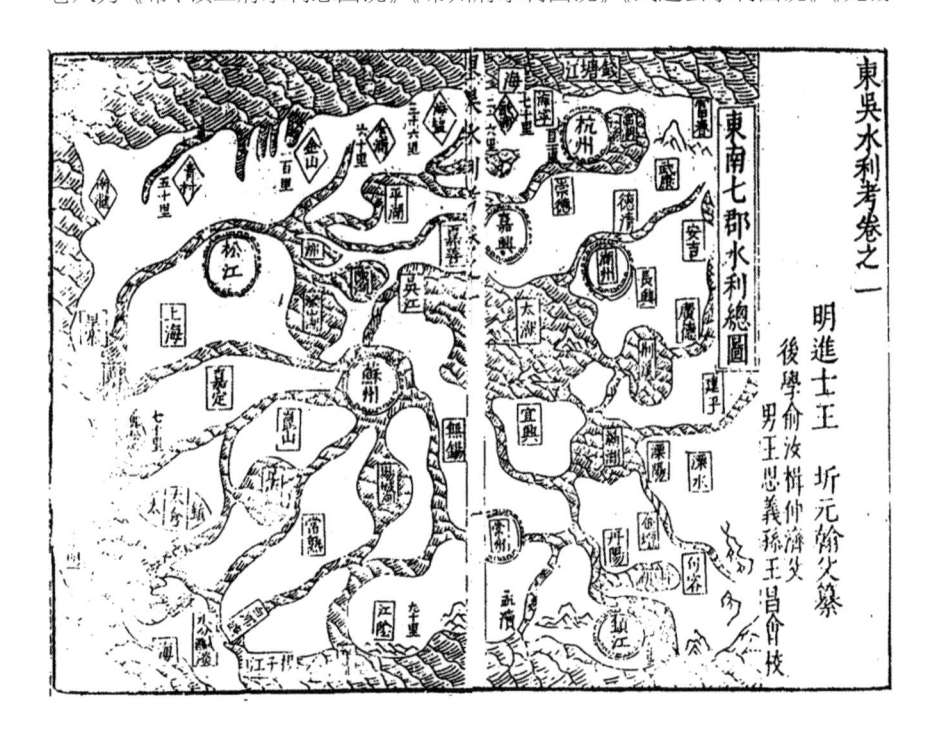

县水利图说》《江阴县水利图说》《宜兴县水利图说》《靖江县水利图说》。卷九为《镇江府水利图说》《丹徒县水利图说》《丹阳县水利图说》《金坛县水利图说》。卷十为《历代名臣论奏》(原书目录作《历代水利集议》),卷上收录了《历代治水名臣论奏序》、宋单锷《水利书》《五堰议》、宋学士苏轼奏状、至元年间任仁发《言开江》、应武《复言治河便宜》、大德年间都水庸田使麻哈马嘉《集议吴松江堙塞拯治方略》,卷下收录了都水庸田使司《都水监集江湖水利》、前都水书吏吴执中《言顺导水势》、前进士胡恪《开修三江五汇》《至元末疏开淀山湖》《大德中罢都水庸田使司复立都水监开江置闸》《名臣事略·吴淞江记》《至大初江浙行省督治田围》《泰定初开江复立都水庸田使司置石闸》《至正初复立都水庸田使司浚江河》《皇明永乐间户部尚书夏公原吉治绩》、毛节卿《水利书》《隆庆三年海巡抚瑞题请疏治吴淞江疏》、严文靖《讷水利圩田序》、徐阶《与抚院论水利书》、吴大行《尔成水利条议》。

　　《东吴水利考》所收录的苏、松、常、镇、嘉、湖六郡水利资料对太湖流域的水利兴修来说是优秀的参考资料,明代松江知府张宗衡在《东吴水利考叙》中说:"嗟夫,九河故道在前代已堙其八,而三江既入之说,儒者纷纷有如聚讼,乃公所规画次第,凿凿皆可见之施用。"后来,海瑞治理吴淞江水患时,对《东吴水利考》一书很为赞赏。清代林则徐修浏河也引用了他的治水方略和学术思想,并称该书是"水利学库"。

　　《东吴水利考》有明代万历刻本、天启刻本。2006年广陵书社出版《中国水利志丛刊》收录该书影印本。

一、太湖流域

8 明代 耿橘 《常熟县水利全书》

水利荒政，俱为卓绝。

——徐光启《农政全书》

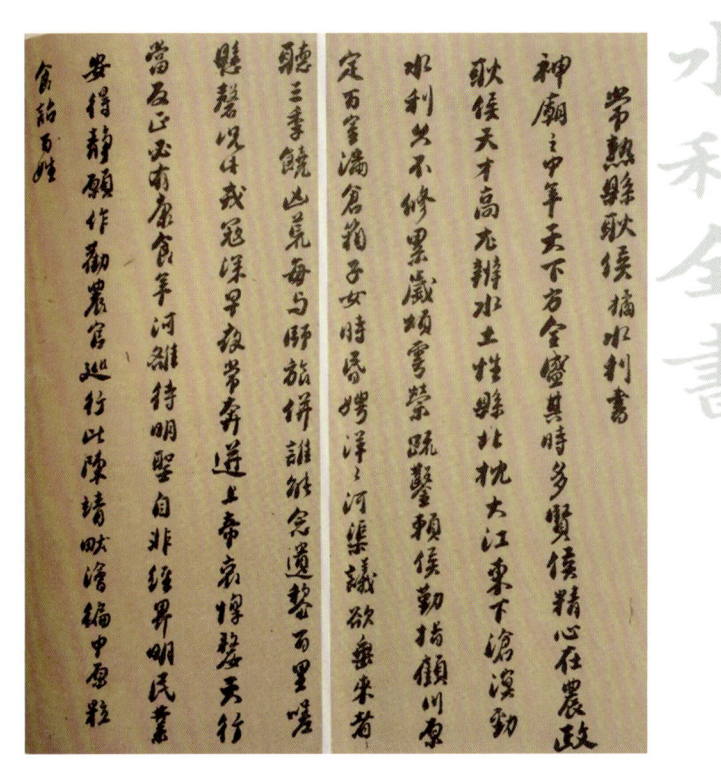

《常熟县水利全书》，明耿橘著。耿橘，字朱桥，又字蓝阳，号兰阳，明河间（今河北河间）人，明代著名理学家、武艺家，明万历二十九年（1601年）举进士，万历三十二年（1604年）任常熟知县。他在任上讲求农田水利，对圩区水利做了详细的调查研究，主张"高区浚河，低区筑岸"，治水成绩卓著。曾先后疏浚横浦、横沥河、李墓塘、盐铁塘、福山塘、奚浦、三丈浦等，对县内地势高低，宜蓄宜泄，著《常熟县水利全书》；又恢复子游书院，聘请名儒讲学，刻《虞

25

山书院志》。明末清初思想家黄宗羲在其编订的《明儒学案·东林学案》中，依次将耿橘、高攀龙、钱一本、孙慎行等共计十七人列为"东林学派"的主要代表人物。

《常熟县水利全书》共十卷，附录二卷。卷前冠邑人陆化淳及瞿汝稷序言各一篇。卷一为《大兴水利申》；《开河法（凡九条）》，附打《水线法》《轮竿式》《用千百长法》《比簿式》《功单式》；《筑岸法（凡五条）》，附《鱼鳞取土法》《佃户对支业户工食票》《守岸法》；《建闸法》；《水利用湖不用江为第一良法》；《典工用工》；《设处钱粮》；《出放钱粮》；《高区浚河低区筑岸各随民便及批复》；《常熟县为设法开垦荒田以裕民生及批复》。

卷二为《通县急缓河岸坝闸总目》，该卷列举了白茆港等急浚河二百一十四道，急筑岸共计一百四十六圩。卷三收录了《白茆港图》及《图说》；《通县城乡十五区总图说》；《通县原额科粮田数》；《通县八十五区总图》及《图说》；《在城两区城池河岸坝闸急缓图说》；《在乡各区河岸坝闸急缓图说》；第一区至十四区图及相关河道、应征钱粮地亩。卷四收录了《在乡各区河岸坝闸急缓图说》、第十五区至二十七区图及相关河道、应征钱粮地亩。卷五收录了《在乡各区河岸坝闸急缓图说》、第二十八区至三十九区图及相关河道、应征钱粮地亩。卷六收录了《任阳六区总图说》《在乡各区河岸坝闸急缓图说》及第四十区至四十五区图及相关河道、应征钱粮地亩。卷七收录了《在乡各区河岸坝闸急缓图说》及第四十六区至五十五区图及相关河道、应征钱粮地亩。卷八收录了《在乡各区河岸坝闸急缓图说》、第五十六区至六十五区图及相关河道、应征钱粮地亩。卷九收录了《潭塘八区总图说》《在乡各区河岸坝闸急缓图说》及第六十六区至七十三区图及相关河道、应征钱粮地亩。卷十收录了《在乡各区河岸坝闸急缓图说》、第七十四区至八十三区图及相关河道、应征钱粮地亩。附录由明王化等辑录,收录了《原奉抚院文明兴修水利府贴》《无锡县条陈水利府贴》《乞浚福山塘呈》《乞浚奚浦呈》《乞浚三丈浦呈》《博访水利事宜示》《与通邑缙绅书》《视河牌》《发福山塘河工钱粮示》《复福山塘夫工钱粮申略》《复勘福山塘府贴》等。

《常熟县水利全书》全面细致地记载了明万历年间常熟县兴修水利的全过程,书中绘制了大量详细的图画,图文并茂,真实地反映了明代中晚期水利治理情况和筑圩的技术水平。书中所总结的"开河法""筑岸法"被明清农学著作和地方史志所广泛引用。徐光启在其《农政全书》中称赞《常熟县水利全书》为"水利荒政,俱为卓绝"。

《常熟县水利全书》有明代万历年间刻本。2019年国家图书馆出版社出版《常熟文库》第二十七册收录该书影印本。

9　明代　张国维　《吴中水利全书》

是书先列东南七府水利总图，凡五十二幅。次标《水源》《水脉》《水名》等目，又辑诏敕、章奏，下逮论议、序记、歌谣。所记虽止明代事，然指陈详切，颇为有用之言。

——《四库全书总目提要》

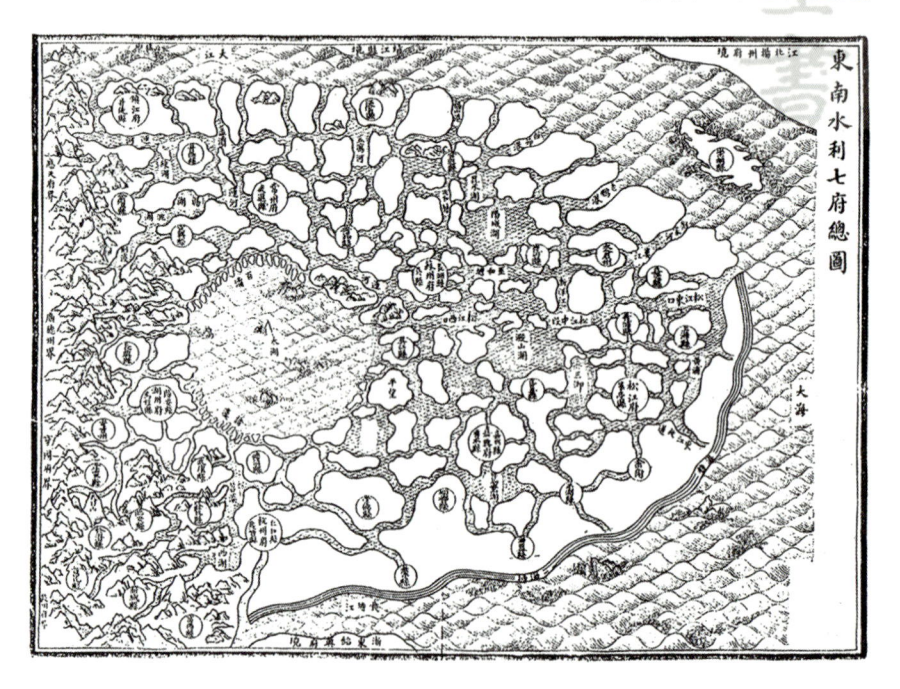

《吴中水利全书》，明代张国维撰。张国维（1595—1646），字玉笥，金华府东阳县（今浙江东阳）人。明天启二年（1622年）进士，历任广东番禺知县，刑科、吏科、礼科给事中，太常寺少卿。崇祯七年（1634年），擢升右佥都御史，巡抚应天、安庆等十府。崇祯十三年（1640年），任工部右侍郎，总督河道。崇祯十四年（1641年）夏，山东盗起，改兵部右侍郎兼督淮、徐、临、通四镇兵，护漕运。崇祯十五年（1642年），擢升为兵部尚书。崇祯十六年（1643年）四月，清兵入关，张国维带兵抵抗清军，不幸失利，被逮下狱，后官复原职，赶赴江南，参加了以福王、鲁王等为旗号的抗清运动。清顺治三年（1646年）六月十八日，张国维退守东阳；二十五日，清兵破义乌；二十六日夜，张国维投园池死，时年52岁。

张国维是明末重要政治人物，也是一位杰出的水利专家。崇祯七年（1634年），他疏浚了松江、嘉定、上海、无锡等地河道，修筑了吴江、江阴、苏州等县桥、塘堰、漕渠。崇祯八年（1635年），张国维任巡抚都御史修吴江石塘。崇祯九年（1636年），他上书开浚吴江县长桥两侧的泄水通道。他在江南任上时，深知"惟吴泽国，民以田为命，田以水为命，水不利则为害"，于是"搜泉兴浚，单骑驰驱，手口拮据，糜事不为""尝单舸巡汛，探溯河渠，各绘水图，括以说略""建苏州九里石塘及平望内外塘、长洲至和等塘，修松江捍海堤，浚镇江及江阴漕渠，并有成绩"。张国维以数十年治水之经验，编著了《吴中水利全书》。

《吴中水利全书》共二十八卷，文字约六十万字。卷一、卷二为《图》与《图说》，凡五十二幅。卷一包括《东南水利总图》《苏州府全境水利图》《苏州府城内水道总图》，及长洲、吴县、吴江、常熟、昆山、嘉定、太仓州，松江府及华亭、上海、青浦，常州府及武进、无锡、江阴、宜兴，镇江府及丹徒、丹阳、金坛水利图、水道图。卷二包括《太湖全图》，吴江、吴县、无锡、武进、宜兴县境沿湖水口图，吴淞江、娄江、白茆港全图，《沿海纳潮泄水港浦图》和《沿江纳潮泄水港浦图》。卷三为《水源》，介绍了太湖周边天目山、杭州府、湖州府、常州府以及江南地区广德州、宁国府、应天府、镇江府、嘉兴府等地水源。卷四为《水脉》，介绍了苏州、松江、常州、镇江各府所辖地区的江河湖泊等情况。卷五、卷六为《水名》，卷五介绍了苏郡七属水名，并附带了堰、栅、坝、闸等；卷六介绍了松、常、镇三郡水名，并附带了堰、闸、陂塘。卷七为《河形》，开列了隆庆、万历年间吴中河道的官核丈尺。卷八为《水年》，列举了自汉代始元元年秋，直至崇祯八年的吴中水旱灾害记录。卷九为《水官》，介绍了自舜命禹作司空，直至崇祯四年奉旨复设苏松常镇粮储道，历代水利官员的设置情况。卷十为《水治》，介绍了自《禹贡》"三江既入，震泽底定"，直至崇祯十一年浚镇江府漕渠的历代治水情形。卷十一为《诏命》，收录自明洪武二十六年至崇祯九年的吴中治水诏书十五道。卷十二为《敕谕》，收录自明永乐三年至万历十六年，皇帝敕谕玺书十四道。卷十三为《奏状》，收录了自南朝萧梁至至正元年，各朝建白水利奏状四十篇。卷十四为《章疏》，收录自明永乐元年至崇祯十年的吴中治水奏疏四十六篇。卷十五、十六为《公移》，收录了自宋代至明崇祯二年，数百年间的治水公文五十篇。卷十七为《书》，收录自宋代范仲淹《上宰执论水利书》，至周永年《复吴江县知县熊开元问水利书》等二十一篇。卷十八为《志》，收录《宋史·河渠志》《松郡水利志》《嘉祐开江志》《元史·河渠志》《淀山湖志》《吴江运河志》等书中的吴中水利史料五十三篇。卷十九为《考》，收录了明代失名的《京口河渠考》、北宋沈括《至和塘考》、明代韩邦宪《广通坝考》、南宋王同祖《三江考》等考证性文献十六篇。卷二十为《说》，收录了上自宋代朱长文《东南水利说》、范成大《水利围田说》，下至万任《嘉定县开河说》等文章三十五篇。卷二十一为《论》，收录了元周文英《论三吴水利》、任仁发《言开江》、梁寅《论田中凿池》、金处和《论疏水种茭》等二十四篇。卷二十二为《议》，收录了赵必棣《修复练湖议》、任仁发《水利议答》、潘应武《言决放湖水》等四十七篇。卷二十三为《序》，收

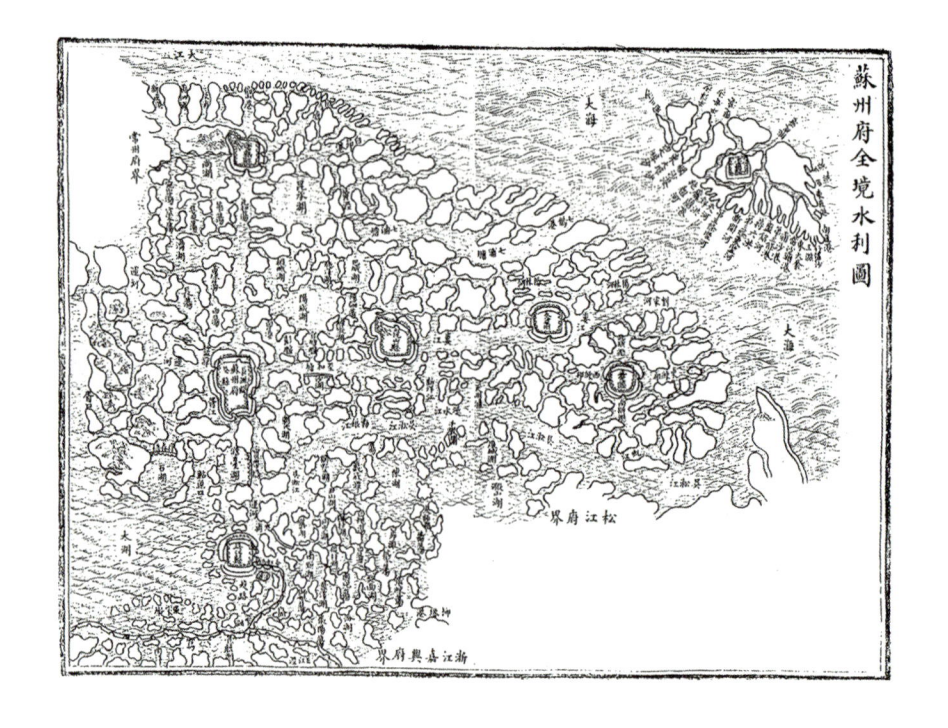

录了李华《练湖颂序》、秦约《昆山州修围政绩序》、宣邦直《赠王贰守佐理开河序》等十九篇。卷二十四、二十五为《记》，收录了刘允文《元和塘记》、章岘《华亭县开顾浦记》、胡宿《晋陵后渠记》等七十七篇。卷二十六为《策对》，收录了范仲淹《天章阁水利策对》、顾清《应天乡试水利策对》、袁黄《东南水利拟策》、张溥《东南水利策要》四篇。卷二十七为《祀文》，收录叶清臣《祀沪渎龙王庙文》、夏原吉《治水祀河神文》、姚文灏《治水誓神文》等六篇。卷二十八为《诗歌》，收录顾致尧《咏镇江蔡守浚漕渠》、陆仁《筑围辞》、徐恒《赋筑围》等诗歌四十九首。

《吴中水利全书》归纳总结了宋代至明代治水情况及相关经验，陈述详尽，是研究苏、松、常、镇四郡的一部至关重要的水利文献，有相当高的史料价值。

《吴中水利全书》有明崇祯十一、十二年左右刻本，清代编纂《四库全书》时被收入其中。2006年广陵书社出版《中国水利志丛刊》收录该书明刻本影印本。2014年浙江古籍出版社出版蔡一平点校本。

10　清代　顾士琏　《吴中开江书》

三韩白公牧娄，念吴中水利百年不修，农田荒而财赋殚，慨然伤之。以顾子殷重，娴当世之务，延致咨询，筹画良法。先试之于朱泾，民赖其利，称新刘河者是也。继开旧刘河，复娄江古道。顾子曰："开娄江，治太湖东北之水也；欲导太湖东南之水，必开吴淞江乎？"白公将次经理，会去任，不果。顾子先有事娄江，恐没前功，毋以垂法，因著娄江、朱泾两志。

——《娄江、吴淞江两志合序》

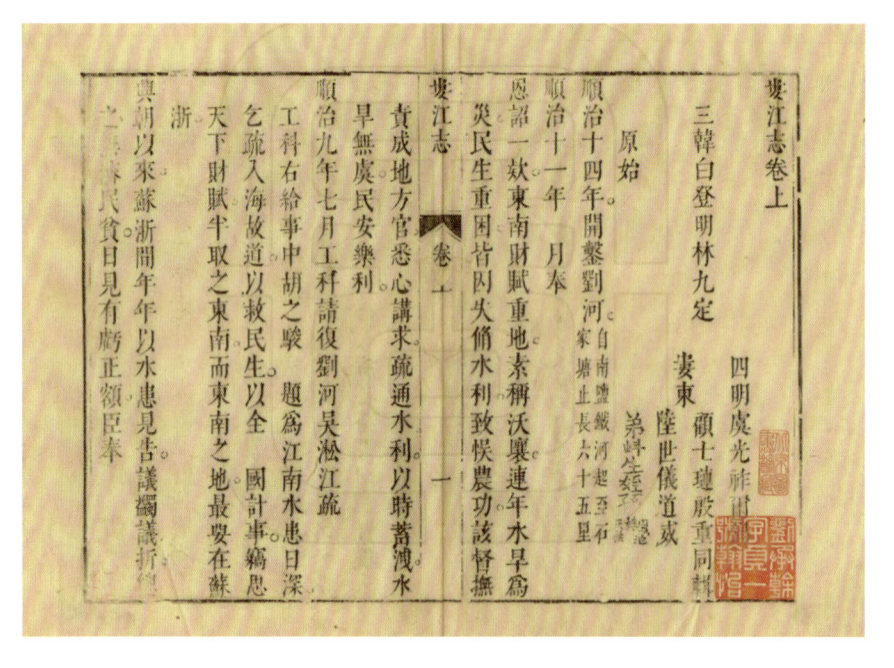

《吴中开江书》，顾士琏等辑。顾士琏（1608—1691），字殷重，号樊村，苏州府太仓州（今江苏太仓）人，明诸生。太仓州位于沿海冈身地带，州境水系以刘河为主干河。刘河乃娄江尾闾，通江达海。所以刘河通塞直接关系到江南水利的兴衰。顾士琏家境富裕，秉性慷慨，博古通今，处世练达，留心时务。顾士琏上陈州府议浚刘河，然而州府以费用繁多而不能实施。入清之后，顺治十年（1653年），苏松大水，太仓一带"花稻全伤，民死无算"，无奈工程浩大，经费难筹，顾士琏与名士陆世仪、江士韶等奔走南京，请以州民田租千金为费疏浚刘河，获准。顾士琏提议先浚朱泾。朱泾为刘河北支，西接至和塘，自太仓州城大东门外起，直抵北漕漕。开通朱泾后，太仓州上游来水可由朱泾、漕漕汇入刘河，直达东南海口。清顺治十二年（1655年），刘河淤塞，太湖泄水入江不畅，百姓困于旱涝，米价腾贵。顾士琏辅佐太仓知州白登明开凿朱泾的旧道，娄江水得以安全下泄。自此以后，当地人称刘河为大刘河，朱泾为小刘河、新刘河。他将开河之事详细记载，全其始末，辑为《新刘河志》。康熙十年（1671年），顾士琏再次主持疏浚刘河。工竣，复辑《娄江志》。

由于《新刘河志》出自白登明之手，顾士琏重新编辑而已，而《娄江志》则是顾士琏自己所辑，所以他认为自己是依照白登明的治河方法而治理成功的，所以在书前题曰"三韩白登明林九定"，以示不忘白登明之功。康熙年间，顾廷镛将顾士琏治理娄江时所编辑的《娄江志》上下二卷，《新刘河志》正集一卷、附集一卷，以及自己所编辑的《治水要法》汇集在一起，总其名曰《吴中开江书》。所以《吴中开江书》是上面三种书的总称。

《吴中开江书》卷首有《娄江、吴淞江两志合序》《凡例》《娄江水利说》《娄江全图》。

《娄江志》上卷为"原始"，介绍了顺治十四年开凿刘河的经过。其次为白登明《开江说》再后即为《初浚刘河申督、抚、按三台》《按院移会抚院》《抚院移复按院》《按院移会》《按台发州手札》《按院发州告示》《发嘉定县告示》《发嘉定县条约》《发昆山县告示》《发昆山县条约》《本州发昆山县告示》《本州条约》《申抚院求犒河工》《申抚院为昆山停工议贴》《本州劝谕昆山河夫示》《太仓乡绅上抚台公书》《请制台勘视河工》《学道张申督抚》《太仓乡绅上制台公揭》《开江始末复详道府》《苏松道邹申督抚》《苏州府邹申本道宫》《苏松道宫复详督抚》《本州又详复本府》等工程往来公文，并徐开禧《开江议呈按院》，叶方恒《开江议呈按院》，王正宗《开江议呈按院》，顾士琏《江南水利三议呈按院》，陆世仪《娄江条议》，陈瑚《拯救患说》，以及《告城隍文》《告天妃文》《告江神文》，顾士琏《开江记略》《浚迹》。

《娄江志》下卷收录《娄江浚筑志》《太仓州志·娄江考》《嘉定县志·刘河考》，吴荃《原三江》，丘与权《至和塘记》，沈括《至和塘考》，范成大《昆山县新开至和诸塘浦记》，郑霖《重修昆山塘记》，夏原吉《浚治娄江白茆港疏》，吴瑞《昆山县重修至和塘记》《昆山县浚至和塘等十河功绩记》，吴宽《长洲县筑沙湖堤记》，张寅《娄江新堤记》，唐时升《重筑沙湖堤记》，胡士容《筑娄江石塘申》《石塘工完申》《置修塘义田申》，文震孟《长洲县筑娄江石堤记》，太仓知州朱乔《为刘河塞申祈抚院折漕文》《太仓乡绅为刘河塞请折漕公揭》，巡按周一敬《请浚刘河疏》，科臣钱增《请浚刘河疏》，张采《娄江说》，抚院土国宝《议浚刘河白茆宪牌》，苏州知府王《为前任按院秦议浚刘河白茆复各宪申》。附录为郑𧫴《上治水书》《上治田书》，郑侨《言水利书》，张槚《答晓川论水利书》，江有源《请设专官治水疏》，王在晋《娄江诸水利说》，以及《刘河古迹诸咏》《浚迹》《开江逸事》《开江诸咏》。

《新刘河志》正集卷首为序言两篇及《朱泾水利说》与《太仓干河图》。正文部分收录了《原始》《凿新渠说》《浚河条约十六则》《晓谕专浚》《劝谕浚河》《初浚被刘河申各宪》《河工告成申院道》《请蠲复苏松道》《申报按院批文》《新河禁约十条》《浚河告群神文》《河成告天妃文》《谢河神文》《高副将请建石闸呈抚院揭》《总河部院行查水利申苏松道批文》《乡绅上抚院公书》《抚院答乡绅书》《昆山乡绅致白公书》《太仓州白公新刘河碑记》。

《新刘河志》附集收录了《白公渠记》《浚迹》《新河丈尺两岸支河志》《灵潮赋》《高乡论》《低乡论》《高乡、低乡相济论》《守令任浚筑论》《海口勤浚论》《湖水灌田论》《上白公论浑沙塞河》《移乡城亲友论永守水利》《治水要法》《后序》《二江合论》。

《治水要法》收录了常熟知县耿橘《浚筑条约》，包括开河法、筑岸法；顾士琏《二江合论》；王瑞图《吴中开江书序》；顾士琏《开江记略》。

《吴中开江书》有康熙年间刻本，清代编纂《四库全书》时被收入存目丛书。

一、太湖流域

11　清代　钱中谐　《三吴水利条议》

　　论水利于三吴，上流莫利于堤防东坝之筑是已；下流莫利于浚导吴淞江之开是已，而其利之尤大者，莫若举各湖之柴荡而尽去之，使苏、松、常之水有所蓄泄，则永不为患。

——沈楳慎《三吴水利条议·跋》

　　《三吴水利条议》，清钱中谐撰。钱中谐，昌平籍，清江苏吴县（今江苏苏州）人，字宫声，号庸亭。据《苏州府志》记载，钱中谐"顺治十五年（1658年）进士。博学多识。康熙十八年（1679年）举博学鸿儒，授编修，纂修《明史》。后乞假归。为诸生时，尝请减苏松浮粮，条议三吴水利，皆切于国计民生。工诗古文，多散失不存"。钱中谐学问渊博淹贯，钱所论皆能切中国计民生，当时江苏巡抚汤斌为其题写"奎壁凝辉"匾额，悬挂于钱家大门。

《三吴水利条议》不分卷，先后收录了《论设水官》《论太湖三江五堰》《论吴淞江》《论刘河、白茆及江海支流》《论水势缸身》《论五堰》，最后为吴江沈楸慎的《三江水利条议跋》。其中，《论设水官》中，介绍了历代以来水官的设置，尤其是江南地区水官的设置与治理，从周敬王二十五年伍员凿河、元王三年范蠡伐吴开漕河，一直到明代，详细记录了太湖地区历代官员的治水活动，并讨论了明代三吴地区水利之所以不治的缘由在于治水官员不能专任，提出"兴利之宜先在乎设水官，江浙农田当命大臣总理而以部郎官二人分理浙江、江南以佐之"等建议。《论太湖三江五堰》收录了太湖与三江、五堰的历史记载以及功能，并介绍了此举的目的是"在明水之来源与其归墟，而辨施功之次第"。《论吴淞江》介绍了吴淞江的历史变迁，以及明代夏原吉、海瑞治理吴淞江的异同，描述不同历史时期吴淞江的淤塞程度、河道宽窄以及治理的不同措施，并提出在吴淞江宋家渡设闸，潮退则开闸泄水，潮来则闭闸遏水上灌。《论刘河、白茆及江海支流》介绍了太仓州刘家港、常熟白茆港以及许浦、杨林河等支流的河道情形与治理的历史。《论水势缸身》介绍了常州至无锡、苏州的河道、湖泊情形，并着重介绍了"沿海一带地形颇高于内田而湖水因之不得急泄，故呼为缸身"，缸身的存在与开三十六浦之后的"沿河积水高出丈外，而腹内之田旱则无路引水以为灌溉之资,潦则无门出水以为泄放之计"的水势情形。又引用宋代郏亶言水利"六失"以证之。《论五堰》介绍了太湖上游高淳县广通镇五堰的历史起源,以及历代管理、治理五堰的历史情形与作用,提出"治水者大抵以三江为急,以五堰为缓,愚之反复于兹者,惟恐后之治淳者,偶见一邑之疾苦,妄建决堰之说,以贻三郡之大害"。吴江沈楸慎在其《三江水利条议跋》中指出治理三吴水利上下游的策略,并论及当时"连年暴涨高下淹没,此由奸民贪利,遍种芦苇、菱、芡",导致"不数年间草积泥淤,大泽变为平原,于是大雨时行,水无贮处,三郡之民田悉为巨浸"的恶果,必须"先除各湖之芦苇、菱、芡,使水行无所阻滞,奸民不复敢占泽为田,然后钱君之说行之庶几有裨于国计民生"。

　　《三吴水利条议》有道光年间吴江沈氏世楷堂刊本。2006年广陵书社出版《中国水利志丛刊》收录该书影印本。

12　清代　金友理　《太湖备考》

> 于是束装裹粮，遍历湖山之间，而湖外之溪、渎、溇、港，虽远必至，一一究其源委、险夷。又复考古证今，务欲详其事而得其实。
>
> ——金友理《太湖备考·自序》

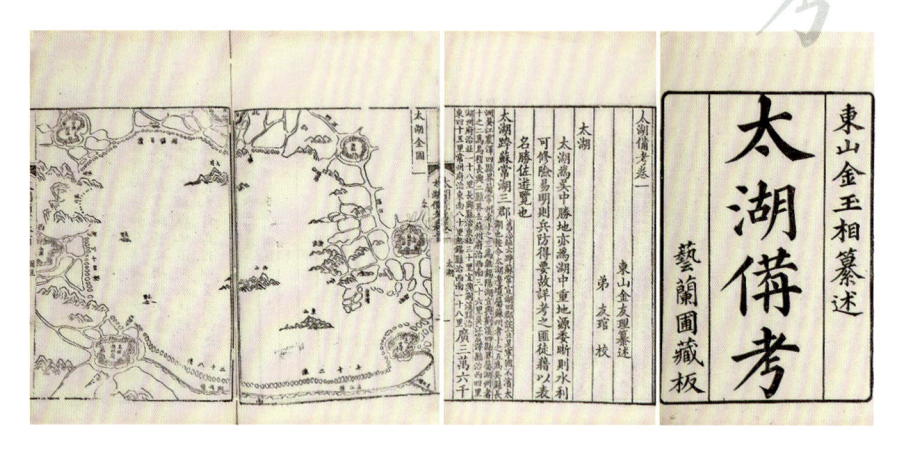

《太湖备考》，清乾隆年间太湖东山人金友理纂。金友理，字玉相，清乾隆年间苏州吴县（今江苏苏州）人，邑诸生。金友理世居太湖东山，此处地偏幽静，清初学术名流徐乾学奉命编纂《大清一统志》，在此聚集了顾祖禹、阎若璩、胡渭、黄虞稷等学者，这些前贤的遗风余韵深深影响着金友理。金友理年轻时颇崇经世之学，从小即在吴莱庭门下读书，前后从学二十多年，有卓识，讲学论古，发人所未发。对水利尤为关注。乾隆十二年（1747年），金友理与老师吴曾及友人华振飞，请卜元武（同里人）为向导，一起泛舟太湖并绘图。是年正月二十日从东山渡水桥起程，至二月初八日返回，历时十八天，束装裹粮，饱受风寒，遍历太湖沿岸十县三郡，水陆兼访、目击为凭。又考证书籍一百五十二部。历时三年有零，于乾隆十五年初脱稿。

《太湖备考》共十七卷，三十四类，书后附吴曾的《湖程纪略》。该书首列

一、太湖流域

吴曾序、自序、师资姓氏、凡例、引用书籍。卷首为《巡幸》与《太湖图说》。《巡幸》详细记述了康熙三十八年（1699年）四月初四康熙帝巡幸太湖的盛况；《太湖图说》包括《太湖全图说》《无锡县沿湖水口图说》《阳湖县沿湖水口图说》《宜兴县沿湖水口图说》《荆溪县沿湖水口图说》《长兴县沿湖水口图说》《乌程县沿湖水口图说》《震泽县沿湖水口图说》《吴江县沿湖水口图说》《吴县沿湖水口图说》《长洲县沿湖水口图说》，及图说的地图11幅。卷一为《太湖》，记述了太湖的面积、水源、水委、坍涨，考证了太湖的别称及其来历，附《吴江县太湖浪打穿等处地方淤涨草埂永禁不许豪强报升佃占阻遏水道碑记》《大缺口水利条陈》。卷二为《沿湖水口》《滨湖山》，详细记述了当时太湖周围三州十县，即常州府所属无锡、阳湖、宜兴、荆溪，浙江湖州府所属长兴、乌程，苏州府所属震泽、吴江、吴县、长洲等县的沿湖水口与滨湖山丘。卷三为《水治》与《水议》，梳理了历史上太湖治理的情况，以及宋、元、明及清代的有关太湖治理的论著。卷四为《兵防》《湖防论说》《记兵》《职官》，收录了太湖及其周边地区的军制、职官沿革，历代有关太湖防御的言论和发生的战例，并附录衙署、仓庾、教场等。卷五为《湖中山》《泉》《港渎》《都图》《田赋》，介绍了太湖中的大小山及洲渚矶浮、泉水、港渎、各乡都图和东西山的田亩数、秋粮数、夏税数、丝数和钞数，以及各都的田亩数和本色米麦豆数。卷六为《坊表》《祠庙》《寺观》《古迹》《风俗》《物产》，收录了坊表、主要的佛寺道观、太湖周边的古迹和各种风俗、物产。卷七为《选举》与《乡饮》，其中《选举》收录了太湖周边各地的进士、举人、贡士、议叙、武科的名单，附《武职》《例仕》；《乡饮》收录了16位乡里耆德，附《选举补遗》。卷八为《人物》，分别记述了东山、武山、西山、马迹山、长沙山和流寓等六大地方历代名人及其逸事。卷九为《列女》，分别收录了东山、武山、西山、马迹山、长沙山、右龟山、右横渚山和右横山等地节烈妇女。卷十、卷十一为《集诗》，选录了历代歌咏太湖的诗歌。卷十二和卷十三为《集文》，

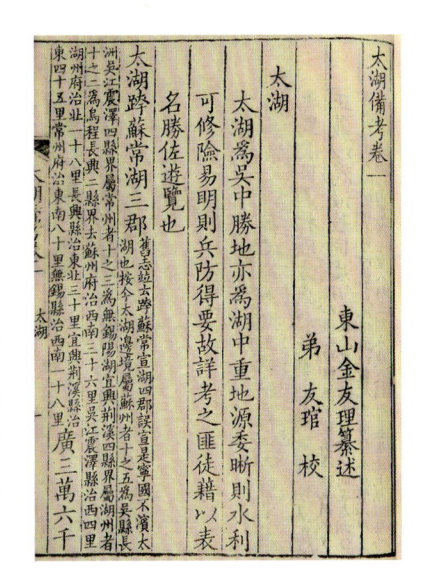

选录了历代关于太湖的辞赋、考论、碑记。卷十四为《书目》与《灾异》，其中《书目》将作者听到或见到的书目，无论刊刻与否，一律列出，以"表山中人著述之盛"；《灾异》记载了汉朝至清朝太湖发生的水旱灾害，以及蝗灾、雪灾、湖啸和地震等。卷十五为《补遗》，主要是对《人物》《列女》的补遗，最后附有作者对父亲金坤的生平介绍。卷十六为《杂记》，记述那些可给后世提供典故而又无法收录的人、事、物。附录为《湖程纪略》，一卷，记录吴、金师徒一行走访太湖沿岸的日记。

《太湖备考》是部专述太湖的志书，为后人留下了一部不可多得的地志文献。

《太湖备考》有乾隆十五年（1750年）金氏家刻本，后经太平天国战乱而散失，光绪二十九年（1903年），邑人重新搜罗汇集成全秩。清代编纂《四库全书》时被收入存目丛书。1998年江苏古籍出版社（现凤凰出版社）出版薛正舆的校点本。2006年广陵书社出版《中国水利志丛刊》收录该书影印本。2015年中国水利水电出版社《中国水利史典·太湖及东南卷一》收录王启元的整理点校本。

一、太湖流域

13 清代 宋楚望 《太镇海塘纪略》

乾隆壬申,楚望移牧太仓,见其地东北滨大海,望洋而惊,倘卒遇风潮,海水涌沸,如吾民何?已而询耆老、访舆言,备悉雍正壬子之灾,户口庐庐飘荡淹没不可胜计,赖庙谟筑塘卫民,州属宝山一带至镇洋土塘、石塘巍然拥护,乃太仓以地形微高议缓。乾隆丁卯潮灾,太、镇无塘之处当冲迎溜,视壬子之灾而加厉,闻而心忧之,思得筑塘以卫民。

——宋楚望《太镇海塘纪略·序》

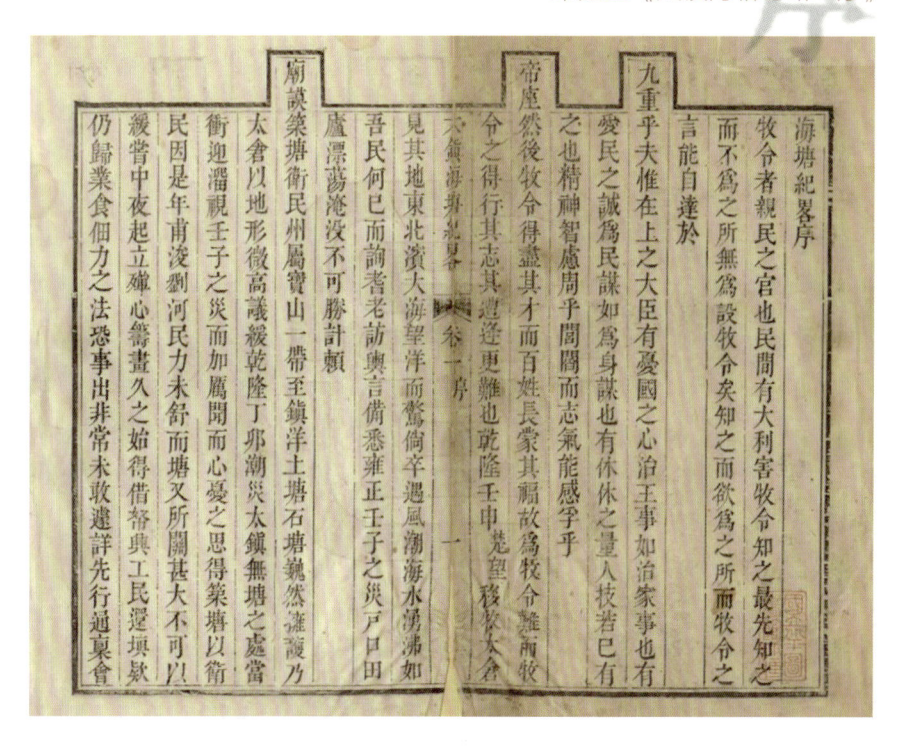

《太镇海塘纪略》,清宋楚望著。宋楚望,字荆州,号恒齐,当阳县(今湖北当阳)人,雍正七年(1729年)中举人,为湖广乡试第一名;雍正十一年(1733

年)中癸丑科殿试第三甲第一百五十二名,赐同进士出身。先后任句容知县、丹徒知县。太仓直隶州辖镇洋、嘉定、宝山和崇明四县,是长江的入海口,在乾隆十一年(1746年)潮灾中,沿岸防御设施破坏殆尽,岸土坍塌,潮汛期间,险情不断。乾隆十七年(1752年),宋楚望调任太仓知州。宋楚望到任后,深感修筑海塘是太仓的最重要的民生问题。于是上奏皇上,获得准奏后,修筑了一段六十多里的海塘。次年夏天,宋楚望因筑塘有功,被召京褒奖,诰授中宪大夫,授予补任知府,又受命查考扬州水道,疏理旧海口,让内陆河水直接注入海口。

《太镇海塘纪略》共四卷,按时间顺序编排了当时工程的奏稿、谕札、公檄、禀贴、告示等,并附有沿海工图。卷首为乾隆十九年(1754年)宋楚望序。

卷一收录了《江苏苏、松、太三府州属沿海土石塘总图》《太仓州并属镇洋县新筑沿海土塘图》《禀抚、藩、道各宪筑堤暂缓秋成兴举稿》《谕吏目筹办筑塘事宜札稿》《再谕县衙筹办塘工事宜札稿》《抚台札谕绘送图折阅看情形文稿》《通禀议请筑塘稿》《抚台批章、王二员查勘塘基复禀》《议请筑塘详稿》《核造估册通送各宪申文》《抚台批估计土塘需要银数禀稿》《督台行司查核估册檄》《抚台行司查核估册檄》《抚台折奏借帑筑塘稿》《饬宝山县召募夯头檄》《议详委员薪水等项稿》《第一次领银申文》《抚台批筑塘规条折禀》《筑塘规条晓谕稿》《委工员募夫檄》《委吏目备塘工应用物件檄》《抚、藩台批土塘择日兴工折禀》《饬县严查筑塘挖废及塘外减则田亩檄》《饬知工员开工日期檄》《开工祀神祝文》《通报开工申文》《估报塘桥详文》《禁浮言阻挠大工示稿》。

卷二收录了《会禀平粜仓储以济塘夫折稿》《藩台批呈送筑塘示稿》《抚、藩两台批开工日期禀折》《夯筑做法简切示稿》《请饬工员保固禀稿》《抚台饬行责成工员保固檄》《复申道台给银分作三次禀稿》《沿塘坟墓让留保护示稿》《饬工员不许在留余地面起土檄》《玉峰提调寄镇洋福令留工催督札》《第二次领银详文》《禀复藩、道台段头工员已经改过妥办稿》《饬镇洋县移办塘桥檄》《督、抚两院批司议筑塘工事宜详文》《禀沈典史办工未妥另行委员接办稿》《论塘外业佃另筑沿边围岸示稿》《工部咨文》《抚台札谕》《关委员同就近监督移文》《请委州同就近监督详文》《刘河、七丫南北两岸塘头添筑工段详文》《谕沿海近塘农佃领价赶筑北工示稿》《谕前工原办夯夫即赴后工应募示稿》《谕北工应募人夫赶筑示稿》《饬工员再行确丈北工塘基檄》《禀申道台北工请缓秋成兴举折

一、太湖流域

稿》《郭藩台来札》《藩台复核估册详批知照》《抚台札谕》《申道台来札》《禀抚宪北工雇募图民兴筑稿》《禀藩、道台筹办北段工程事宜稿》《饬北工塘沟改宽三丈檄》《申道台勘验南工禀批知照》《谕北工应募人夫简明条示稿》《州县沿海圩地应募领银区图名目》《再谕北工应募人夫简切条示稿》《通报北段雇夫兴工申文》《严禁圩地侵扣科派示稿》《再禁圩地不许包工派扰示稿》《璜泾公署寄章、王二员手札》。

卷三收录了《通禀北段工程趱办情形折稿》《禀许臬台筑塘工次情形折稿》《谕工价全行找给示稿》《谕工价全给应速赶筑示稿》《谕筑塘图夫如圩地侵扣即行喊禀示稿》《宪谕工程速竣札》《饬工员存留土梯檄》《禀申道台北段工次情形折稿》《禀抚台北段工程告竣折稿》《禀藩、道两台工竣候验折稿》《工竣后再饬工员培补檄》《饬镇洋县添筑工段俟秋后兴工檄》《申道台查勘北工禀批知照》《支给员役薪水银数报销详文》《通报北工告竣详文》《谕占废穷业报明给价示稿》《禀抚台塘工告竣候给咨赴部折稿》《禀藩、道两台工竣候复饬知修复勘稿》《会商昭文县铛脚港以西筑塘移文稿》《议请建造海神庙详文》《工竣报销详文》《工段丈尺缺口桥梁涵洞银两总数》《癸酉春兴筑土塘本州捐给银数》

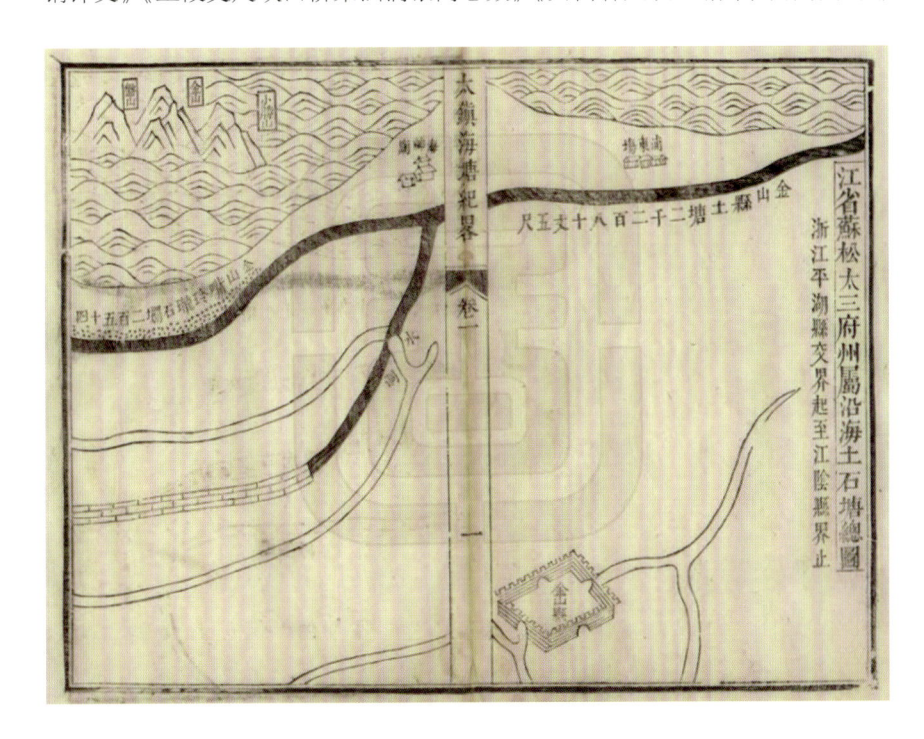

《署州通禀秋汛平稳海塘无碍折稿》《镇洋县详请接筑南塘工段文稿》《再谕穷业据实报名候给田价示稿》《加培塘身开浚塘河栽茅建桥善后详稿》《定期酌给穷业田价示稿》《加培塘身浚塘河章程款略示稿》《司详州县筑塘挖废减则文》《均派州县圩地分工简明数》《禁止培塘圩地混报夫头示稿》《谕海塘原呈生监赴工董率帖文》。

卷四收录了《建造海神庙宇动款兴工详稿》《晓谕七丫、刘河塘头接筑小堤示稿》《培塘浚河兴工详稿》《详报给银接筑刘河北岸工头土塘稿》《晓谕培塘圩地业佃尽力帮培示稿》《饬行镇洋县并圩地尽力浚通塘河檄》《禀抚、藩台加培塘身更须增宽稿》《跨塘规量丈尺式》《详报给银接筑刘河南岸旧塘工首土塘稿》《酌给穷黎田价详稿》《禁止刘河南岸居民私心各筑工段示稿》《详报给银再增刘河北岸新添工首土塘稿》《议请接筑铛脚港西昭文县界土塘详稿》《建造渡船马头详稿》《议请祭祀海神详稿》《复详栽茅取息免浚干河各款稿》《海神庙工竣报销详稿》《通禀交卸州印仍再赶办塘土全竣稿》《工竣祀海神祝文》《督、抚两院批准土塘善后各款章程知照》《坐图业佃常年顶办塘工免浚干河碑文》《甲戌年土塘加高培厚本州捐用银数》《太镇海神庙碑文（附办理各官衔）》《庙田文契并各佃承揽》《海塘杂说（附录）》《潮灾年月》《潮灾赈恤》《折禀刘河、七丫二闸向不启闭议请试验稿》《委员堪议毋庸启闭稿》。

《太镇海塘纪略》有清乾隆年间刻本。

一、太湖流域

14　清代　庄有恭　《三江水利纪略》

《书》曰："震泽底定。"震泽者，即今之所谓太湖也。跨苏、常、湖三郡之中，周回数百里，受杭、嘉、湖宣泄之水，汇为巨区，由吴淞江、娄江、东江分疏入海，迨三江一带之农功实利赖焉。然必尾闾畅流，上游不使停蓄，否则稍有浸溢，利薮成泽国矣。

——苏尔德《三江水利纪略·序》

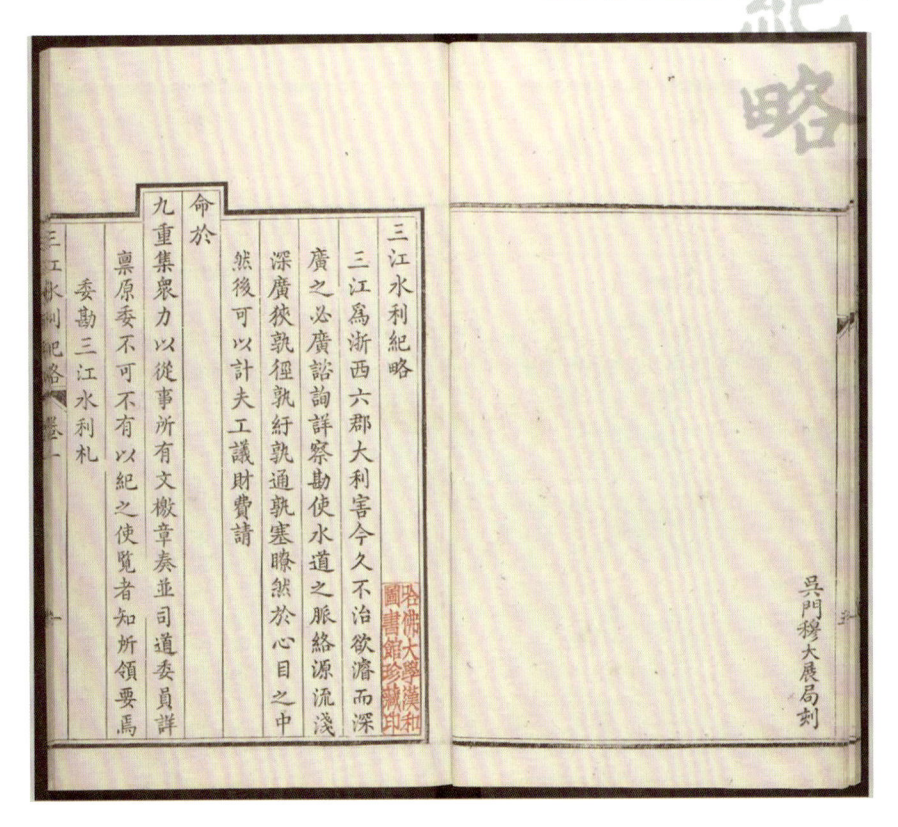

水利典籍

《三江水利纪略》是记载清代乾隆二十八年（1763年）江苏巡抚庄有恭兴修苏、松、太三江水利事宜的官书。

三江，在古代有多重说法，此处所说的"三江"，指的是太湖出水的淞江、娄江、东江。太湖之水经三江分疏入海，但是因为受地理环境的约束，三江经常淤塞。明清以来，太湖流域水患日渐增多，于是不得不经常疏浚太湖的出水口。庄有恭在《三江水利纪略序》中指出"太湖以七十二溇为纳水之咽喉，而以吴江、震泽、元和、吴县之滨、湖、港口及塘桥水窦为行水之肠胃，今桥港多堙，则肠胃阻隔而有上逆之患，其病二也。淞、娄二江为太湖分泄之尾闾，今二江浅狭不及黄浦十分之一，又淤占日滋，是以一遇霪霖，则苏、松之水亦横趋泖淀，惟黄浦是争，而浙西下游之水口先为江境之水所占，其病三也"。

关于该书的作者有几种说法：第一，上海师范大学图书馆编《上海方志资料考录》录《三江水利纪略》二卷，庄有恭撰；第二，广陵书社出版的《中国

水利志丛刊》收录该书，张世友撰；第三，线装书局影印该书，为苏尔德辑；第四，《清史稿·艺文志》中认为这是两部书，撰者分别为庄有恭、苏尔德；第五，《中国水利史典（二期）·太湖及东南卷三》收录该书，该书的整理者耿金认为："乾隆二十八年江苏巡抚庄有恭主持疏浚三江，时任常州府督粮通判（后又署南汇知县）的张世友等负责勘估工程。故是书乃收录地方官员上奏经费筹集、州县分工协作等公文，非个人所撰，乃官方疏浚河道、兴修水利形成之文档汇编，以主事长官庄有恭、苏尔德为编纂者较为恰当。"

庄有恭（1713—1767），字容可，号滋圃，广东广州府番禺县（今广州黄埔）人。乾隆四年（1739年）己未科状元，清代第一位出自广东的状元。庄有恭一生以"勤政爱民，清廉自励"作为为官之道，庄有恭是难得的治水人才，他在江浙治水的政绩为人所称道。

《三江水利纪略》共四卷，卷首为太子少保、刑部尚书、协办大学士、管江宁巡抚庄有恭，江南江苏等处承宣布政使司布政使苏尔德，江苏分巡苏松太兵备道李永书三篇序文。卷一为《三江水利图》与《水利文檄章奏详禀》，其中《水利文檄章奏详禀》收录了《委勘三江水利札》《委员张世友等议禀》《司道议详》《请浚三江水利奏折》《本部院查禁种植茭芦占塞河道告示》《本部院查禁茭芦、鱼簖告示》《委员张世友等通禀》《苏松道禀》等往来公文。卷二为《章程条议》，包括《司道议详办理章程条规》《司道会详按田雇夫》《司道会示按方给价》《司道会示雇夫章程》《本部院示浚河章程》《司道会示越河挖废给价》《司道议详借帑按得沾水利州县均征款》《司道议详崇明协办案》《司道议详按亩派征钱粮案》《司道覆详派征钱粮案》《司道会详各属借帑应分年款银数并免造册报销分派各州县银数》。卷三为《水利各河原委宽深丈尺土方银数》，包括《长洲县各河水利》《元和县各河水利》《吴县各河水利》《吴江县各河水利》《震泽县各河水利》《昆山新阳县越河》《昆山县吴淞江》《新阳县东政和塘》《娄县泖溆》《青浦县吴淞江黄渡越河》《青浦、嘉定、宝山、上海四县承浚吴淞江》《昆山、新阳、太仓、镇洋、嘉定、宝山六州县承浚刘河》《元和、致和、吴江三塘》等工程的具体情形。卷四为《水利善后事宜》与《在事各员衔名及各属董事姓名》。

《三江水利纪略》有乾隆年间刻本。2004年线装书局出版《中华山水志丛刊》、2006年广陵书社出版《中国水利志丛刊》均收录该书影印本。2020年中国水利水电出版社《中国水利史典（二期）·太湖及东南卷三》收录耿金的整理点校本。

15　清代　凌介禧　《东南水利略》

> 盖杭、嘉、湖、苏、松、常、镇古称浙西七郡，为平江，明初犹属一省。洪武十五年，分隶嘉、湖为浙江，苏、松为南直隶也。省虽分而水利仍合，上源不治则流病，下流不治则源病，然则合两省为一贯之治，介禧一人之私说乎，非也，古有行之者。
>
> ——《东南水利略·卷五·杭湖苏松源流分派同归》

《东南水利略》，清凌介禧撰。凌介禧（？—1862），湖州乌程县晟舍（今湖州市吴兴区）人，原名杏洙，字香南，号少茗，室名蕊珠馆，县学诸生，后屡次科举考试不中，私塾教书为生。凌介禧留心经世之务，《晟舍镇志》记载，他"笃学好古，寒暑不暇，长则北走燕晋，南走羊城，入齐鲁，浮江汉，遨游数万里，跋涉数十年，客巨公幕下，或书记，或教读，或衡文船唇驴背，一有闻见，即笔诸于书，盈箱满箧，晚归里门时，值流离，而晨昏风雨犹手不释卷，平生著述有二十余种，其已梓者，《东南七郡水利略》《程安德三邑赋考》"。

明清时期，朝廷税赋仰仗东南苏州府、松江府、常州府、镇江府、杭州府、嘉兴府、湖州府和太仓州七府一州。七府一州的水利治理直接关系到国用，因此，朝廷多次派遣大员对东南水利进行治理。道光三年和四年，凌介禧以乡绅身份，写信给浙江巡抚帅承瀛、湖州知府方士淦以及会同江苏方面勘查太湖下游水利情况的陈钟麟、沈惇彝，陈述水利事宜。

《东南水利略》共六卷，卷首为序，共四篇，分别为帅承瀛叙、卢坤叙、富呢扬阿叙、林则徐序。卷一为《图说》，计有二十六幅，分别为《古扬州全局及各府源流图》七，《太湖全境及各县沿太湖源流图》十一，《导江、太湖入海三江非＜禹贡＞三江、湖州碧浪湖源流图》各一，《京口大江、湖州溇港及运河、苏、松、太三江入海图》各一，《天目山发源总汇图》一，《吴江水则石图》一。卷二和卷三专论各水源流，其中卷二收录了《三江异同源流》《太湖分界源流》《杭州嘉兴源流水利》《湖州源流水利》；卷三收录了《苏州、松江、太仓源流水利》《常州、镇江源流水利》。卷四和卷五分论各地水道要害、治理方法，共十九篇。卷四收录了《东南水利总说》《余杭南湖要害说》，附《董未孩孝廉来书》；《湖州碧浪湖各溇浦要害说》《湖州东塘要害说》《乌程溇港出水口宜向东北说》，附《王司马来书》；《太湖去委水口要害说》，附《鱼簖弊说》；《苏州江震长桥去水各口要害说》《嘉、松泖湖要害说》《苏、松、太各江水道入海要害说》《丹阳练湖要害说》《乌程溇港源委纪》《长兴港渎源委纪》。卷五收录了《杭、湖、苏、松源流分派同归》《湖州河道壅塞宜开浚》《高下各田圩岸宜修筑》《水利为田赋之本》《水利宜有专治之人》《戊子五月湖郡大水记》《重修湖州东塘记》。卷六为凌介禧有关水利往来书札，分别为《上帅大中丞水利书》，附《沈

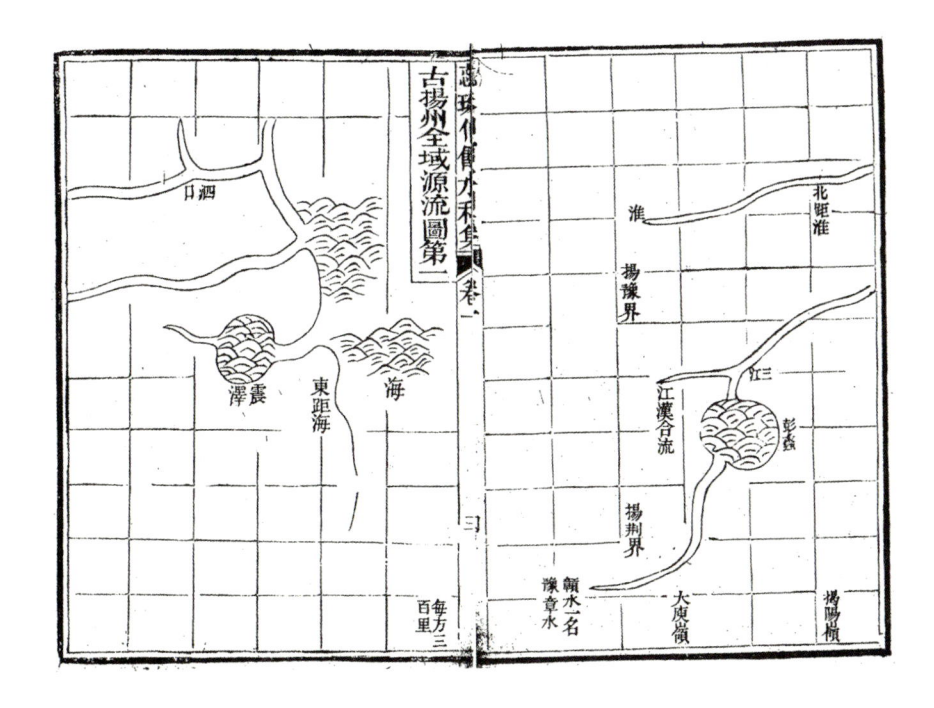

序轩观察来书》;《上陈观察书》《上方太守书》,附《方太守来书》;《再上帅大中丞水利三大要利弊书》《与委勘王司马湖州水利论》《再上陈观察书》,附《姚秋农尚书来书》;《上程大中丞书》,附《程大中丞来书》;《答程大中丞书》,附《程大中丞来书》;《答程大中丞书》,附《乌程德大令来书》;《上江苏陶大中丞书》,附《答江苏陶大中丞书》。

  凌介禧认为要治理太湖周边水利,就要通盘考虑,因为"七府一州水道脉络贯通,上源不治则流病,下流不治则源病"。他在书中提出的治理七府一州水利的"三要""四不便""十四事宜",对后来李鸿章、左宗棠、丁日昌等人治理东南水利不无借鉴价值。

  凌介禧的《东南水利略》于道光四年成书,并由两广总督卢坤和浙江巡抚帅承瀛作序,但从未刊印。道光十三年(1833年)刊印时,又增补道光四年之后的各项建议以及往来信函。《东南水利略》现存版本为清道光十三年(1833年)蕊珠仙馆刻本。2004年线装书局出版《中华山水志丛刊》、2006年广陵书社出版《中国水利志丛刊》均收录该书影印本。2020年中国水利水电出版社《中国水利史典(二期)·太湖及东南卷三》收录张鑫敏的整理点校本。

16　清代　陶澍　《江苏水利全书图说》

窃臣查江浙水利莫大于太湖，其分泄入海之路有三：一曰吴淞江，即太湖正流也；一曰黄浦，即东江也；一曰刘河，即娄江也。吴淞最大，自分流南入黄浦，而吴淞日微，刘河亦逐渐增淤矣。每遇霖潦水无所归，涝而成灾。议者但咎水利不修，由于上流不疾，下流遂淤之所致。欲举全省之湖塘、浦汊而挑之、浚之、捞之，无论工费浩大，亦无如许人力。就使挑挖全通建瓴直下，而水无潴蓄一泻无余，岂民田之利哉？

——《江苏水利全书图说》

《江苏水利全书图说》，清陶澍纂辑。陶澍（1779—1839），字子霖，一字子云，号云汀、髯樵，长沙府安化县（今湖南安化）人，清代经世派主要代表人物。嘉庆七年（1802年）春，陶澍在京参加会试，中进士；四月，参加殿试，为二甲第十五名；朝考，嘉庆帝召见，定为第五十五名，授庶吉士，任翰林编修，后升御史，曾先后调任山西、四川、福建、安徽等省布政使和巡抚。道光五年（1825年）五月，陶澍调任江苏巡抚。因洪泽湖决口，漕运浅阻，特调任江苏巡抚，亲至上海主持漕粮海运。道光十年（1830年），加太子少保衔，署两江总督，后实授。陶澍勇于任事、为朝野所重用。道光十二年（1832年），与巡抚林则徐治江苏水患，修刘河、白茆、练湖、孟渎等水利。

《江苏水利全书图说》为道光五年至道光十六年浚治吴淞江、刘河、白茆、七浦、孟渎、德胜、澡港、徒阳运河及江宁（南京）、苏州府城等河道工程之文件集成。卷首为《水利全书绘图例略》《江苏水利全图》《太湖全图》《吴淞江全图》及《图说》，然后收录八项水利治理工程的八案。其中，《重浚吴淞江全案》五卷，卷首有《重浚吴淞江工段图》，该卷收录了陶澍以及下级官吏治理吴淞江的奏折与呈文，历年挑浚吴淞江的工程方案、工程预算、工程开支清册等。卷五为陶澍、梁章钜、潘恭常等人咏吴淞江工程的诗文，后附《历治吴淞江叙录》。《重浚刘河全案》三卷，载陶澍、林则徐关于刘河治理的奏疏，以及各级官员关于刘河治理的报告、勘测情况、工程预算及竣工后的开支清单，后有《历治刘河叙录》，述历代治理刘河情况。《重浚白茆河全案》两卷，卷首有《重浚白茆河图》，该卷收录了陶澍、林则徐治理白茆河的奏疏，以及地方官员往

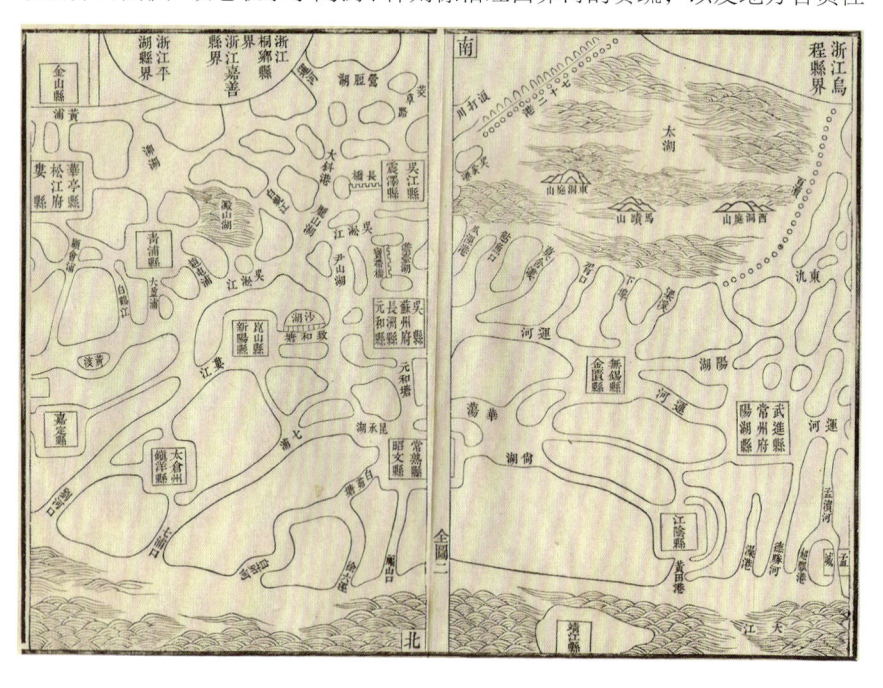

来公文等。《重浚七浦河全案》一卷，收录了太仓州七浦河的勘察报告、重浚方案、工程情况、工程开支清册等。《重浚孟渎等三河全案》五卷，卷首有《重浚孟渎、德胜、澡港三河图》，该卷收录了重新疏浚孟渎、德胜河、澡港河的档案，包括陶澍重浚三河的奏疏，江苏布政使送呈江苏巡抚的报告，常州府武进、阳湖两县申请工程经费的呈文以及工程等方面的文书，武进、阳湖两县修浚德胜、澡港二河的有关公文，以及三河疏浚过程中的往来文书等。《重浚徒阳运河全案》三卷，卷首有《重浚徒阳运河图》，该卷收录了江苏巡抚林则徐的奏疏，林则徐为挑挖徒阳运河所定的十八条章程，丹徒、丹阳两县挑挖运河工程的情况报告，金坛、溧阳两县挑挖徒阳运河的弊端，以及江苏布政使关于挑浚运河的文书。《重浚江宁城河全案》一卷，收录了江宁（今江苏省南京市）城郊的下河、北河疏浚的奏疏，以及两江总督陶澍、江苏巡抚林则徐在河工完成后请求对有关人员进行奖励的奏疏，又收录了道光九年（1829年）至十四年（1834年）江苏布政使等关于修浚秦淮河及下河、北河的往来公文。《重浚苏州府城河案》一卷，卷首有《重浚苏州府城河图》，载江苏布政使、苏州知府关于疏浚省城河道、工程状况及费用开支情况的公文。

《江苏水利全书图说》保存了大量第一手资料，对于研究清代道光年间江苏境内运河及其他河流的挑挖治理，具有极其重要的价值。

《江苏水利全书图说》有清代刻本。2004年线装书局出版《中华山水志丛刊》收录该书影印本。2020年中国水利水电出版社《中国水利史典（二期）·太湖及东南卷一》收录李续德的整理点校本。

17　清代　陈銮　《重浚江南水利全书》

形势规画，具详前巡抚江夏陈公所辑《江南水利全书》，至是松江郡守洪君刊成求序，始得纵览焉。

——《江南水利全书·序》

《重浚江南水利全书》，清陈銮（1786—1839 年）撰。陈銮，字仲和，亦字玉生、芝楣。祖籍蕲州（今湖北蕲春），嘉庆十三年（1808 年）恩科本省乡试第五名举人，嘉庆二十五年（1820 年）中一甲三名探花及第，授翰林院编修，武英殿纂修。道光五年（1825 年）任松江知府，后又任苏松太道，此间在黄浦江上设救生船，疏浚吴淞江口。道光十二年（1832 年），任江苏布政使，开太仓浏河、昭文白茆河及各系水脉支河，又修复宝山、华亭海塘。道光十九年（1839 年），陈銮署理两江总督兼江南河道总督，当时江南一带受灾，陈銮上奏请分别缓征，以纾民力。道光帝诏如所请。不久，陈銮积劳成疾，卒于任上，

一、太湖流域

后赠太子太保衔。

《江南水利全书》初名《三江水利全书》,该书在陶澍《江苏水利全书图说》的基础上有所增减,收录了清代兴修江南水利案牍,包括《重浚吴淞江全案》《重浚江宁城河全案》《历治松郡水道叙录》等,在疏浚太湖下流各河情况后,又增加疏浚今苏南、上海等地各河流情况,于是更名为《江南水利全书》。

《江南水利全书》卷首为《江苏水利全图说》,收录了《江苏水利全图》《太湖全图》《吴淞江全图》《重浚吴淞江工段图》《泖湖图》《重浚徒阳运河图》《重浚刘河图》《重浚七浦图》《重浚孟渎、德胜、澡港三河图》《重浚白茆河图》《重浚徐六泾图》,各图均有图说。

《重浚江南水利全书》依次收录了《重浚三江水利全案》两卷,《重浚泖湖全案》一卷,《修浚练湖建闸全案》三卷,《重浚孟渎等三河全案》五卷,《重浚江宁城河全案》三卷,《重浚徒阳运河全案》三卷,《重浚苏、松、太三府州河全案》一卷,《重浚瓜泾港等处全案》一卷,《修浚福山城垣塘河全案》三卷,《重浚张家塘等河全案》一卷,《重浚蒲汇塘肇家浜全案》两卷,《重浚新泾全案》一卷,《重浚李泾全案》一卷,《重浚薛家浜全案》一卷,《重浚白莲泾各河全案》两卷,《重浚都台浦等河全案》一卷,《重浚华亭县各河全案》一卷,《重浚娄县古浦塘全案》一卷,《重浚娄县官绍塘全案》一卷,《重浚金山县各河全案》一卷,《重浚杨林河全案》一卷,《重浚嘉定县各河全案》一卷,《修筑宝山海塘全案》十卷，《修筑华亭海塘全案》九卷。书后附《历治吴淞江叙录》《历治刘河叙录》《历治白茆叙录》《历治七浦叙录》《历治泖澱叙录》《历治黄浦叙录》《历治松郡水道叙录》《历治华亭海塘叙录》八篇，考述河道源流变迁及历代修治情况。

《重浚江南水利全书》系顺延陶澍《江苏水利全书图说》、辑录档案资料而成，该书所收录的清代道光年间江苏整治运河及兴修江南其他地区河道奏折、谕旨、相关官府之间的移文，以及工程兴办过程中的费用、具体规模等方面的资料，对于研究清代江苏水利史、运河史，具有重要的史料价值。

《重浚江南水利全书》有道光年间刻本，《四库未收书辑刊》《中国山水志丛刊》收录该书影印本。

一、太湖流域

18　清代　王铭西　《常州武阳水利书》

　　武进、阳湖北枕长江、南滨震泽、西摄滆湖、怀抱宋建蓉湖，中有漕河，吐纳乎东西，素称泽国。其谷宜稻，水利尤切。要其间尤藉渎港经委诸河蓄泄，乃不为旱潦所困，而成财富之区。

——《常州武阳水利书》

　　《常州武阳水利书》，清王铭西著。王铭西（1822—1893），字愚溪，阳湖（今常州市区）人，廪贡生，候选训导，天性戆直，好议论古今，不避贵显，人以为痴，因自号"大痴"。王铭西自幼受业宜兴欧里青、同乡许仲青、庄子珊诸人，为文奥衍奇肆，精《十三经注疏》，对天文地理亦有研究，尤熟吴中水利，布政使黄彭年延请其编纂《江苏水利全书》。

　　《常州武阳水利书》不分卷，卷首有同治十三年（1874年）同知衔、阳湖知县吴康寿序，同治十二年（1873年）王铭西自叙。吴康寿在序中介绍了自己与王铭西认识并作序的缘由，"癸酉岁来令是邦，下车时适逢旱暵，河流不泊，农民棘手"，于是"访求前贤规画""适闻明经王子愚，溪端人也，兼通水学，延之来，则出其所著水利书一编，及武阳舆图""予披而阅之，见其高高下下，本源详悉，无不出诸践履，其兴复水利一辩，又足以释举事者之疑虑，则是书不者不惟大有裨于两邑之农民已也"。自叙则介绍了自己著书的缘由，在于上接单锷《水利书》之遗意，希望对东南水利的治理能起到一定的作用。

《常州武阳水利书》正文收录《水利书》《兴复水利辩》《筹复水利书》，附录为《耿橘开河法九条》。其中《水利书》以《周礼》的沟洫制为开篇，介绍了古代的河渠名称，进而介绍了武进、阳湖的河道情形，所谓"北枕长江、南滨震泽、西摄滆湖、怀抱宋建蓉湖，中有漕河，吐纳乎东西，素称泽国。其谷宜稻，水利尤切。要其间尤藉浃港经委诸河蓄泄，乃不为旱潦所困，而成财富之区"。书中还列举出武进水利之要，阳湖水利之要，指出"凡此两邑诸河，一有不通，旱潦必困。然治之者必有本有末，有急有缓"，进而引用单锷《水利书》中整理宜兴水利之论，又以明代林文沛、清代慕天颜为例，谈论武进与阳湖的水利治理。《兴复水利辩》针对当时"小民""或以茭蒲芦苇之利，或以竹木树蓄之利，或以房屋场圃之利，或以坟墓风水之利""阻扰水利者"的问题，列举了唐代治理郑白渠，明代张国维开浚吴江长桥，李模上疏疏浚吴淞江、白茆河，以及饶京、沈幾、谷应泰、郭思极、庄祖诲、吕光洵等人的治水建议。书中针对太湖流域的水利治理提出了建议："今欲疏通长久之利，则必悉举众议，而于奋入芜湖之水，限不使东，复修常州十四港北出之防而下之江阴，则于太湖之上流，可以分杀。又于吴江江尾之壅，决去不疑，而下开淀山湖，以便吴淞江之入。如是而始通白茆入江之路，则可久得其益。"《筹复水利书》从中国整体的地形，论及太湖作为东南财富之区的主要原因在于水利的开发与治理，并详细介绍了太湖上、中、下游的河道情形与治理策略。附录《耿橘开河法九条》介绍了照田起夫、量工给食品；水利不论优免；准水面算土方多寡，分工次难易；分工定窅；堆土法；分管员役；干河甫毕、克期齐浚枝河等方法。

《常州武阳水利书》有清同治年间刻本，2006年广陵书社出版《中国水利志丛刊》收录该书影印本。

一、太湖流域

19　清代　张崇偞 《东南水利论》

　　太湖汪洋三万顷,中流之所泄水,是谓吴淞,治吴淞者辄以地界上、青、嘉三邑,有役作惟三邑任之。不知湖受上流之水,贯输于浙之杭、嘉、湖,江之苏、松、常六郡,滨湖诸区不贻太湖泛滥之害者,实赖吴淞宣泄之功。此前明海忠介公议浚吴淞,所以必汇六郡均役,而吾张补庵明经水利诸论,于是乎踵斯意而笔之书也。明经当嘉庆之季,目击吴淞自黄渡以东日益胶浅,亟待导,一再上书当事,斤斤以工巨役重、六郡通力合作为言,虽未果行,而所著各说寻源竟委,利弊了然,(询)〔洵〕足为文献之征。

　　　　　　　　　　　　——程其珏《东南水利论·序》

水利典籍

《东南水利论》，清代张崇俨撰，高善源修订。张崇俨（1743—1818），字孝则，号补庵，松江府淞南纪王里（今上海市闵行区纪王镇）人，乾隆五十七年（1792年）恩贡生，嘉庆二十三年（1818年）卒。张崇俨博闻强识，精医道，屡试不第，于是转向医学，救死扶伤，又留心水利，积极参与地方赈灾、抚恤等公共事业，著《医论》《吴淞水利论》。高善源，纪王里人，自署为张崇俨"外侄孙"，所谓"纪王里隐君子也，里居教授，挫廉逃名，足不履城市"，故而具体事迹不详，据高善源光绪四年（1878年）《述》中言："今年已六十八矣"，可以推断其生于1810年前后。高善源《述》中说张崇俨"于嘉庆二十三年冬易箦前，手授原稿于吾父玉田公，嘱曰：'此论为东南国计民生大要，尔宜善藏，以质当世名公巨卿，足抒我志矣。'"结果，高善源之父"持归珍藏，未十年遽作古，未遂其志""又遭兵燹，底稿残缺"，待到光绪四年（1878年）高善源"幸得之西城诸氏家，方成全集"，高善源怕"若再因循，则外伯祖之手泽无存，何以备他日文献之征用？是恳请大君子挥椽作序，冠诸卷首，刊板行世，以垂永久"。

《东南水利论》共四卷，卷首分别有光绪六年布政使衔苏松太兵备道海关监督刘瑞芬、光绪七年嘉定知县程其珏、光绪四年王承基、光绪五年冯锦冈四人所作序四篇，以及高善源《述》一篇。《东南水利论》上卷收录《吴淞江水利论》《吴淞江水道图说》，中卷收录《嘉宝水利论》《嘉宝全境水道图说》，下卷收录《俨

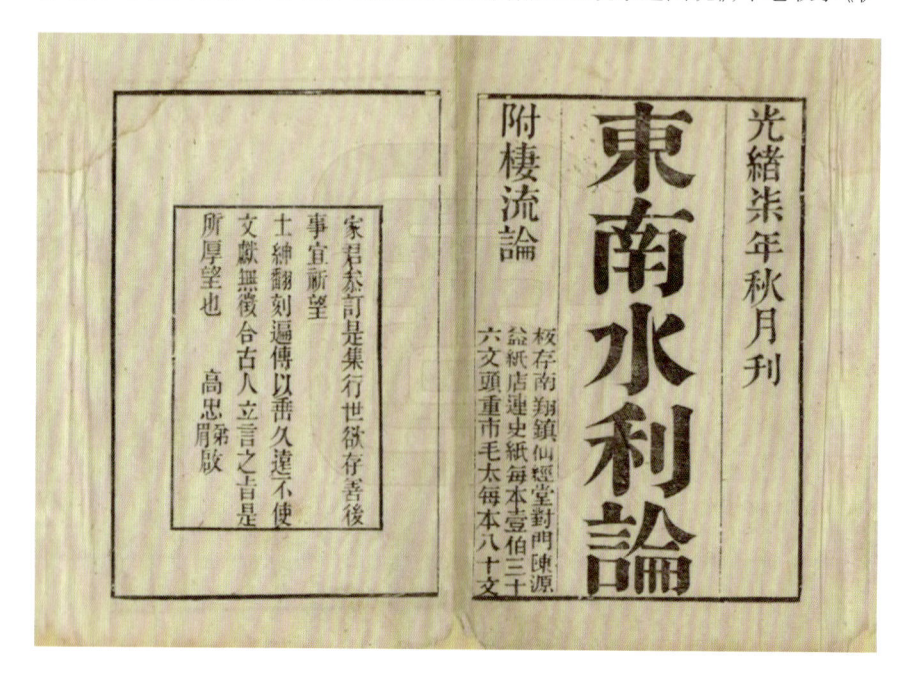

倗浦水利论》《淞南水道图说》,末卷为《栖流论》,最后有咸丰六年诸维铨《跋》。

其中,《吴淞江水利论》针对"吴淞江浊潮日甚月异而岁不同,恐复为刘河之续,运道仍旧不通,将何以处此""吁请大宪大人,移咨浙省,协力举行""照乾隆二十九年于江苏水利所在十六州县,亩派二分二厘之例,就嘉庆九年苏、松、常、杭、嘉、湖被水州县,均派摊征""尚有不敷,则沿江募夫""再筹善后事宜,广浚支河"等措施。《吴淞江水道图说》图文并茂,介绍了吴淞江的历史沿革以及治理措施。《嘉宝水利论》对嘉定、宝山境内的河道及其治理提出了六条建议。《嘉宝全境水道图说》介绍了嘉定、宝山全境的河道情形。张崇俸认为开浚俪倗浦为当时急务,于是写下了《俪倗浦水利论》,并绘制了《淞南水道图说》。《栖流论》则是张崇俸针对当时"淮扬灾民携眷南来,数百为群,络绎道路"的情形,为"安插流民,以全生命,以安居业事"而做,故而作为附录。

高善源在《东南水利论》中,针对当时的水利情形,提出了一些有可行性的建议,对当时的水利建设有一定的帮助。

《东南水利论》有清光绪年间刻本。2004年线装书局出版《中华山水志丛刊》、2006年广陵书社出版《中国水利志丛刊》均收录该书影印本。2020年中国水利水电出版社《中国水利史典(二期)·太湖及东南卷三》收录刘国庆的整理点校本。

20 清代 李庆云 《续纂江苏水利全案》

其绘图立说，凡支流小渎无不详著于图者，盖以地有高低，流有缓急，潴有浅深，径有曲直，因势利导，各视其宜。非相度不得其情，非咨询莫穷其致，按图而索，或无异穷历其地也。阅二十年之久，始获编列成书，而三吴水道之形势已得其大纲，后之来者得是书以资参考，非明明信而有征耶！

——曾国荃《续纂江苏水利全案·叙》

《续纂江苏水利全案》，清代李庆云纂。李庆云，字景卿，监利县（今湖北监利）人。初任江西，有政声。同治十一年（1872年）七月署震泽县知县。到震泽后，重建流虹桥，督修沿塘岸的桥和泄水涵洞，计170余处，不到一年即完成任务。同治十二年（1873年），在北门内下塘街建积谷仓。三月，在震泽镇慈云塔院空地建分仓，总花费 5000 余缗，闰六月完工。同年，会同署吴江知县万青选（周恩来外祖父）重建明伦堂、崇圣祠东西斋房及仪门、龙门。后以候补知县任职于江苏水利局，光绪年间升任江苏候补道，任水利局观察。同治十年（1871 年），江苏巡抚张之万请置水利局，兴修三吴水利，至光绪十四年（1888 年），水利局主持兴办水利工程达几十项，期间李庆云任职水利局，亲身经历或目睹这些水利工程建设，仿照陈銮《重浚江南水利全书》体例，编纂相关水利建设档案材料，内容仅限于苏州、常州、镇江、松江、太仓四府一州，故名《续纂江苏水利全案》。

《续纂江苏水利全案》有正编四十卷、图一卷、表二卷、附编十二卷，其中卷五、卷二十八分上、中、下，卷十六、卷十七分上、下。卷首有曾国荃叙、崧骏序、黄彭年叙、应宝时序，以及《续纂江苏水利全案》职官衔名；图一卷收录《江苏四府一州水利全图》《太湖全图》《苏、常、镇三府运河图》《吴淞江全图》；表二卷收录了《职官表》和《工役财用表》。卷一为《太湖河港桥窦工程全案》；卷二为《太湖河港桥窦工程全案》；卷三为《太湖各港工程》；卷四为《泖港黄渡工程》；卷五为《吴淞江工程》；卷六为《昭文徐六泾工程》；卷七为《太仓七浦河工程》；卷八为《震泽烧香河工程》；卷九为《元和、吴县桥梁工程》，附《关帝庙工程》；卷十为《吴江、震泽桥梁工程》；卷十一为《元和、吴江、震泽水窦工程》；卷十二为《无锡桥梁工程》；卷十三为《溧阳桥梁工程》；卷十四为《吴县五龙桥工程》；卷十五为《江阴黄田港土坝越河工程》；卷十六为《徒阳运河工程》；卷十七为《常州运河工程》；卷十八为《江阴运河工程》；卷十九为《昭文白茆土坝越河工程》；卷二十为《镇江京口运河工程》；卷二十一为《镇江新河工程》；卷二十二为《太仓七浦闸坝转河工程》；卷二十三为《苏州附郭漕河工程》；卷二十四为《丹阳陵口运河工程》；卷二十五为《武进孟渎河超瓢港工程》；卷二十六为《武进万缘桥工程》；卷二十七为《高淳东坝工程》；卷二十八为《丹徒运河工程》，附《京口大闸工程》；卷二十九为《常熟昭文福山塘河工程》；卷三十为《昭文竺塘泾景市桥两河工程》；卷三十一为《震泽练聚桥工程》；卷三十二为《元和唯亭塘路工程》；卷三十三为《吴江三里桥工程》；卷三十四为《丹阳小城河工程》；卷三十五为《江阴黄田港塘闸工程》；卷三十六为《徒阳运河工程》；卷三十七为《吴江城水关工程》；卷三十八为《吴县太湖后端口港石坝工程》；卷三十九为《江阴黄田港运河工程》;卷四十为《武进孟渎河工程》。

《续纂江苏水利全案》有附编十二卷,其中卷一收录了《丹阳城河工程》《江阴东横河工程》《宝山马路河工程》《宝山走马塘工程》《上海三林塘工程》《震泽市河工程》《震泽塘岸工程》《震泽流虹桥工程》。卷二收录了《太湖吴淞各港工程》《吴县木渎市河工程》《娄县界浜河工程》《上海界浜河工程》《上海沙冈河工程》。卷三收录了《吴县横泾河工程》《奉贤南桥塘工程》《江阴山塘河工程》《阳湖各乡支河工程》《常州城河工程》《上海竹冈河工程》。卷四收录了《上海春申塘上澳河工程》《华亭春申塘工程》。卷五收录了《太仓镇洋支干各河工程》《宝山顾泾河工程》《宝山城外河工程》《宝山大川沙河工程》。卷六收录了《吴江玉带、金带河工程》《昭文白茆港各支河工程》《金山洙泾浦周邵各河工程》。卷七收录了《川沙、南汇白莲泾、长浜等河工程》《宝山桃树浦工程》。卷八收录了《阳湖各闸工程》《宝山乌泾河工程》《川沙白港工程》。卷九收录了《苏州沙湖堤工程》《太仓镇洋河道圩岸工程》《川沙西运盐河工程》。卷十收录了《宝山鹅鳙浦工程》《宝山潘泾河工程》。卷十一收录了《川沙东运盐河工程》《川沙赵家沟工程》《宝山走马塘工程》《宝山西沙浦工程》《太仓河桥工

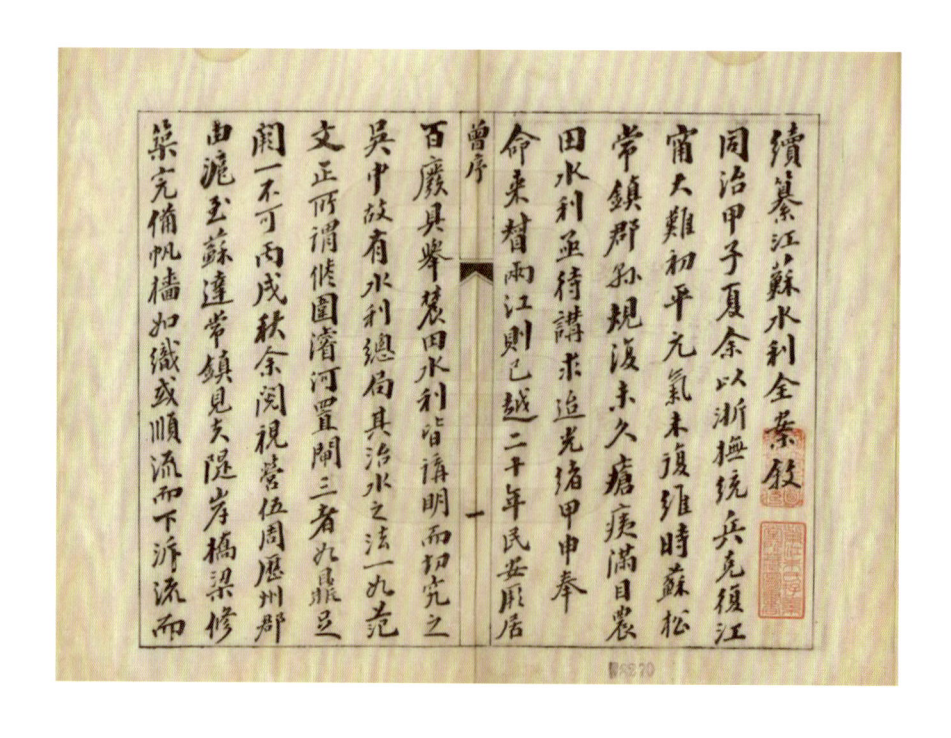

程》《宝山马路河工程》。卷十二收录了《太仓各支河工程》《昭文碧溪河工程》《宝山练祁河工程》《丹阳练湖闸座工程》《丹徒沙腰河工程》《松江古浦塘工程》《宝山桃树浦工程》。

《续纂江苏水利全案》全书图文并茂，收录内容涵盖工程开办的请示，各级来往公文，工程勘测、估算，以及实施方案、收支、验收等。该书是研究同治、光绪年间苏南、上海在太平天国战乱之后水利建设的原始档案资料，对于苏南地区水利史、运河史，以及江南地方社会史，有一定的价值。

《续纂江苏水利全案》有光绪十五年（1889年）二月水利工程局木活字排印本。2004年线装书局出版《中华山水志丛刊》收录该书影印本。2020年中国水利水电出版社《中国水利史典（二期）·太湖及东南卷一》收录张千卫、杨婧的整理点校本。

21　清代　胡景堂　《阳江舜河水利备览》

阳湖、舜河亘江邑西乡而通扬子，旱引江潮内灌，潦泄群山涧水及孟渎、蓉湖奔注，关系农田水利。比因决排壅塞，掌故无征，旋浚旋淤，工无实济，仰水利之利者不免受水之害。同治庚午，张公晴江来宰阳湖，邑绅承曜珊太守以浚河请张公上高大吏，檄阳、江农民大为修治，且蠲清俸以益工需。胡东翘明经董其事，偕江邑老成酌古准今，率田役焉。由是浅者深之，淤者通之，既明经绘图贴说，复衷集从前疏浚公牍、章程及水利诸论，附以治水家要言著书垂久，曰《阳江舜河水利备览》。

——金士准《阳江舜河水利备览·序》

《阳江舜河水利备览》，清胡景堂纂。胡景堂，字东翘，清阳湖（今常州市区）人，附贡生。与缪荃孙有交往。

阳江即阳湖与江阴。清雍正二年（1724年），常州府由于首县武进县人口、赋税繁多，被分为武进、阳湖两县，西部为武进县，东部为阳湖县，县署均设于府城内,民国元年(1912年)撤废阳湖县。

舜河在今武进区境内,是一条连接长江和太湖的古老的人工运河。清代的舜河北起长江,流经现在的常州市武进区郑陆镇舜北、查家、横沟、舜南、焦溪、石堰六个行政村和江阴市南闸街道办事处孟岸行政村,其走向是先南、后东、再西南、又东南、最后拔直向南,在石堰东侧接通太湖,全长约12.5公里。舜河还是周边农田水利灌溉渠道,如金士准《序》中"阳湖、舜河亘江邑西乡而通扬子,旱引江潮内灌,潦泄群山涧水及孟渎、蓉湖奔注,关系农田水利";缪荃孙《序》中"濒河阳邑田七千一百九十亩,江邑田七千一百六十八亩,远之芙蓉圩、马家圩均受利益"。因为舜河"潮汐往来,泥淤堆积,水道日窄,岸沙日高,不十数年即宜大浚",于是"同治庚午,张公晴江来宰阳湖,邑绅承曜珊太守以浚河请张公上高大吏,檄阳、江农民大为修治,且蠲清俸以益工需。胡东翘明经董其事,偕江邑老成酌古准今,率田役焉。由是浅者深之,淤者通之,既明经绘图贴说,复裒集从前疏浚公牍、章程及水利诸论,附以治水家要言著书垂久,曰《阳江舜河水利备览》"。

《阳江舜河水利备览》共四卷,卷首为光绪十六年(1890年)常州知府桐泽序,光绪十四年(1888年)阳湖知县金士准序,光绪十五年(1889年)缪荃孙序,同治十年(1871年)王铭西序。卷一为《水利论》与《公牍》,《水利论》收录了《阳湖诸水说》,穆炜《武进水利图册说》,顾世登《权豪阻挠河工论》,瞿溶《高山志序》,胡景堂《舜河水利琐言》《舜河建闸议》,顾文科《舜河部志辩误》,承傡尊《续浚舜河记》,祝良钰《重浚舜河纪略》;《公牍》收录了弘治七年《浚河救荒疏》,万历五年《知常州府穆浚舜河条示》《武进治农丞郭督浚舜河条示》,康熙三十五年《知常州府于禁毁翁申桥闸碑示》,道光二十七年《阳湖士民请县宪浚舜河禀》,道光二十八年《阳湖士民请县宪移会江邑通浚舜河禀》,道光三十年《知江阴县杨浚申港舜河示》,

咸丰七年《阳、江绅民请阳邑宪移会江邑宪通浚舜河禀》《阳、江绅民请府宪饬江邑宪会浚舜河并委员弹压督收工程禀》《阳、江两县会浚舜河示》《知阳湖县冯疏浚舜河谕》，同治九年《知阳湖县张疏浚舜河示》《知阳湖县张详请府宪饬江邑宪举董会浚舜河文》，同治十年《知阳湖县张举董舜河图河理田谕》，同治十三年《阳湖绅董请县宪谕芙蓉圩董襄挑舜河禀》，光绪十四年《知江阴县许举董疏浚舜河谕》《知阳湖县金疏浚舜河示》《知江阴县许疏浚舜河示》《知阳湖县金疏浚舜河捐廉赠费示》，光绪十五年《知阳湖县金舜河善后碑示》《知阳湖县金详报督抚蕃臬水利局府各宪舜河竣工文》。卷二为《章程》《前事考》《图河理田说》《舜河全图》《舜河图说》《阳湖役田字号总目》以及《阳湖役田》第一段至第十二段。其中，《章程》收录了《咸丰丁巳阳湖浚河章程》与《同治庚午阳江浚河章程（附光绪戊子章程）》；《前事考》收录了上自洪武二十六年，下至光绪十四年间疏浚舜河的历史记载。卷三为《阳湖役田》第十三段至第四十六段。卷四为《江阴役田》第一段至第五十五段。卷末附录为《治水要言》以及承钟岳《跋》。

《阳江舜河水利备览》有光绪十六年（1890年）木活字本，2006年广陵书社出版《中国水利志丛刊》收录该书影印本。

一、太湖流域

22　清代　李庆云　《江苏海塘新志》

江苏海塘旧无成书,其可名者曰《图说》、曰《刍说》、曰《纪略》,大都为私家言。求如翟均廉《浙江海塘录》,囊括古今,窃恐未逮。今欲取法翟氏而困同面墙不容虚造,故援《浙江新志》之例,但记一时工作,分类编葺,名亦同之。然命名之惬自判秦越,彼云"新"者,对"故"而言,此所谓"新"则明乎其无故也。

——《江苏海塘新志·凡例》

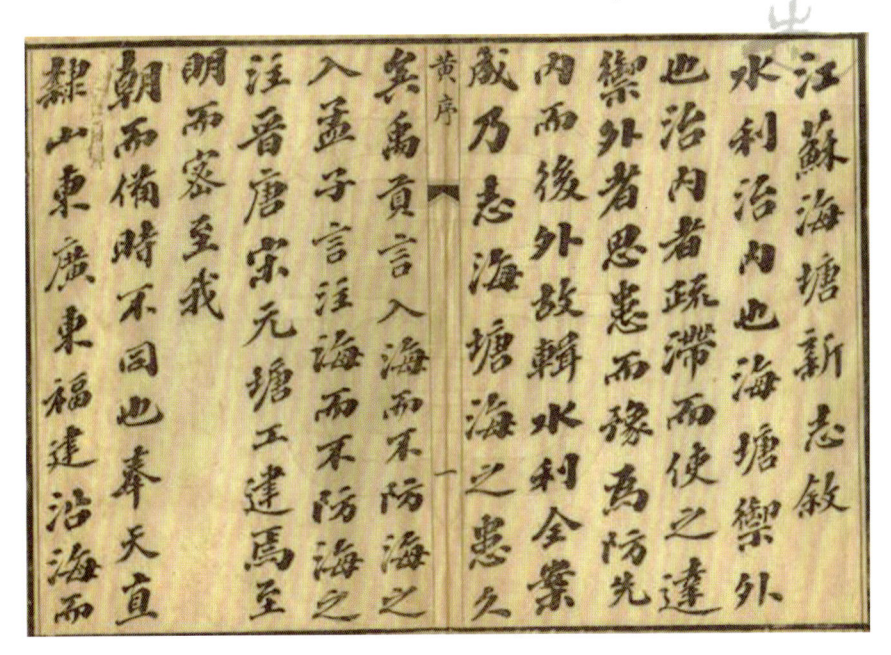

《江苏海塘新志》,清李庆云纂,蒋师辙编辑。李庆云于光绪十五年(1889年)编纂了《续纂江苏水利全案》之后,又于光绪十六年(1890年)编纂、刊刻了《江苏海塘新志》,当时李庆云已经是二品顶戴江苏候补道,参加此本编辑工作的是拔贡生蒋师辙。

水利典籍

《江苏海塘新志》共八卷，卷首为光绪十六年（1890年）刚毅序、黄彭年叙、李庆云叙，以及《江苏海塘新志职官衔名》《江苏海塘新志凡例》。卷一为《图》，包括《江苏海塘总图》《华亭县海塘全图》《华亭西塘十二段工图》《南汇新筑外塘图》《宝山县海塘全图》《宝山东塘第十三段工图》《宝山东塘第一段至第七段工图》《宝山衣周塘第七、第八两段工图》《宝山衣周塘第一、第二两段工图》《宝山西塘南工图》《宝山石塘工图》《宝山西塘北工图》《镇洋县海塘全图》《镇洋阅兵台工图》《镇洋大库口、杨林口工图》《太仓州海塘全图》《太仓茜泾口工图》《太仓东泾口工图》《昭文县海塘全图》《昭文野猫口工图》《昭文许浦口工图》《宝山海神庙图》《宝山塘工岁修公所图》《华亭塘工岁修公所图》《昭文塘工岁修公所图》，附《吴县胥口沿湖石岸工图》《吴县香山西庄沿湖石岸工图》。卷二为《职官表》，记载了自同治七年至光绪十五年历任总督、巡抚、水利督办官、办工各员、见任守牧令姓名及上任时间。卷三为《奏疏》，收录了上自同治七年三月两江总督曾国藩、江苏巡抚丁日昌华亭海塘分年修理情况，下至光绪十四年十二月两江总督曾国荃、江苏巡抚崧骏光绪十二、十三两年估修太仓、镇洋、宝山等地海塘续出险工并修宝山境内庙工用过银两，历

一、太湖流域

任总督、巡抚所上办理海塘工程的奏折。卷四为《形势》,详细介绍了时属江苏管辖的金山、华亭、奉贤、南汇、川沙、宝山、镇洋、太仓、昭文九州县的海塘工程与修筑历史。卷五为《修筑》,按照时间顺序记载了上起同治七年四月修建华亭县石塘护坝,下至光绪十年二月建吴县香山西庄石塘的工程历史。卷六为《材工》,记述了海塘工程的规格与名称,以及土、石、木各种材料运用的利弊等。卷七为《财用》,记载了同治七年至十一年修筑华亭县海塘工费二十四万三千五百一十八两分摊到长洲县、元和县、吴县、吴江县、震泽县、常熟县、昭文县、昆山县、新阳县、华亭县、奉贤县、娄县、金山县、上海县、南汇县、青浦县、川沙厅、太仓州、镇洋县、嘉定县、宝山县的具体数额;同治十一年至光绪二年修筑太仓、镇洋、宝山、昭文海塘经费,以及分摊各州县的具体数额;光绪元年至四年修筑镇洋、宝山海塘经费,以及征用江海关、水利节省余款、苏州厘局的具体数额;光绪五年至九年修筑宝山、镇洋海塘经费,以及征用苏州厘局、松沪厘局的具体数额;光绪八年至十一年修筑昭文、太仓、华亭、宝山、镇洋海塘经费,以及分摊各州县的具体数额;光绪十年建筑南汇县外土塘经费,以及借款的具体数额;光绪十二年至十三年修筑太仓、镇洋、宝山海塘经费,以及分摊各州县的具体数额。卷八为《善后》，从《管辖》《经费》《防护》《岁修》四个方面，记述了海塘工程的善后保障措施。

《续修四库提要》中称"苏省沿海塘工，为苏民生计利害所关，在清光绪中叶，地方有司颇极注重兹政，而李氏总办此局者最久，欲汇为成书，以垂久远，命蒋氏作此志。蒋氏为江南通儒，于海塘利弊，请求既切，帮其序次明晰，条委详审，盖官书之有法度者。其为图皆用开方法，亦为有用之作，佳制也"。此外，《江苏海塘新志》所收绘图28幅出自蒋氏之手，采用了新法绘制，开方计里，每幅图附以图说，《续修四库提要》称这些图"文笔简古而详明，盖非俗吏所能办也"。

《江苏海塘新志》有光绪十六年（1890年）刻本。2006年广陵书社出版《中国水利志丛刊》收录该书影印本。

一、太湖流域

23 清代 《浚河录》

窃郡城前、后河及前玉带等河于光绪十二年春间开浚深通。只以经费短绌，下游东门外至舣舟亭与官塘交接之处三百十余丈未能一律开浚，以故江潮入城，浑浊之水去路不畅，易于停淤。五六年来船只最多之西半城已渐湮浅，商民均称不便，因有今冬复浚，并疏通下游之议。

——《浚河录》

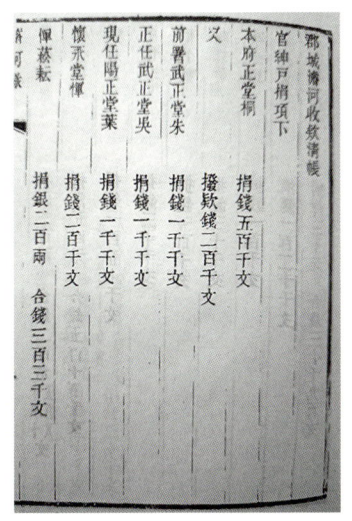

《浚河录》不分卷，但可见前、后两部分，不著编者。该书收录了清光绪九年（1883年）至十七年（1891年）江苏常州府武进、阳湖两县开浚城河事宜。

武进、阳湖为常州府城的附郭县，清雍正二年（1724年），常州府首县武进县分为武进、阳湖两县，西部为武进县，东部为阳湖县，县署均设于府城内，民国元年（1912年）撤废阳湖县。

《浚河录》前面部分依次收录了光绪十七年十一月《武、阳两邑绅士呈稿，呈为开浚城河，择日兴工，呈请详报并谕董出示事》；光绪十七年五

73

月《呈为城河停工先将已开过各段收支清帐*呈请鉴核事》；光绪十九年四月《呈为续浚城河一律工竣开具四柱清折呈祈鉴核事》；《郡城浚河收款清帐》，内有官绅户捐项、各商捐项、各坊厢铺捐项，西直厢、北直厢、城一图、中西右厢、大小怀南厢、怀北厢、各堂船捐项，以及前存集项捐款项，共一万三千八百三十千一百二十二文；《郡城浚河逐段宽深丈尺土方及用款总帐》，内有前河西段、前河东段、东直河、后河西段、后河东段、前玉带河西段、前玉带河东段、南护城河、东南护城河、东北护城河、西护城河开浚长度、土方、工价；《前河自西大水关外起至青果巷蛤蜊滩止土方工价清帐》，内分二十一段工程，并大水关坝、油巷口坝、尚书码头坝、真武庙坝，以及西水关外切滩、表场切滩、运泥等工程；《前河蛤蜊滩起至东水关外会龙桥止土方工价清帐》，内分四十三段，并东吊桥口、龙基口、运泥等工程；《东直河自会龙桥起至文成坝塘河口止土方工价清帐》，内分三十一段，并塘河口坝、塘河口坝外切滩等工程；《后河西段自西门外表场口起至城内大浮桥东成全巷口止土方工价清帐》，内分四十八段，并第五段内包姓驳岸后三埠船码头切滩、表场坝、表场坝内东首切苏州船滩、切和桥船滩、运泥等工程；《后河自成全巷口起至北水关外止土方工价清帐》，内分四十一段，并迎春桥径门、北水关径门、北邗沟六段、运泥等工程；《前玉带河自西小水关起至府学桥东育婴堂门口止土方工价清帐》，内分二十三段，并西学桥外坝、板桥坝、府桥东坝等工程；《前玉带河自小浮桥起向北折而西至育婴堂门口止土方工价清帐》，内分三十一段工程；《南护城河自龙兴寺门口起至崇胜寺东首三十丈止土方工价清帐》，内分二十八段，并吊桥径门等工程；《东南护城河自崇胜寺东首三十丈起至东门外会龙桥止土方工价清帐》，内分四十三段，并大南门吊桥口、开文成坝等工程；《东北护城河自通湖桥口起至北水关止土方工价清帐》，内分四十二段工程；《北护城河自西小水关外口起至大北门九连环止土方工价清帐》，内分二十七段工程。

《浚河录》后面部分依次收录了光绪十年十一月《武、阳两邑绅士为援案请留茶馆捐作为开浚城河经费并宽予年限以兴水利而便民生事》；光绪十二年正月《武进、阳湖县为出示晓谕事》；《郡城浚河收款总帐》，内有官绅户捐项、房捐收款项；《郡城浚河逐段宽深丈尺土方及用款总帐》，内分前河、后河、邗沟、前玉带河、护城河以及运寄滩泥修筑北塘塘岸钱；《前河

———
* 帐，通"账"。

自西大水关外塘河口起至天宁寺马头东首止土方工价清帐》，内分八十一段工程；《杂用清帐》，包括拨还德生庄大水关内外先经捞河垫款、塘河口大坝等项一千六十一千二百六十二文；《后河东段自北水关起至小浮桥西首止土方工价清帐》，内分六十五段；《杂用清帐》，包括戽水、杂项等二百七十一千九百二十二文；《后河西段自西吊桥南首起至小浮桥西首止土方工价清帐》，内分七十六段工程；《杂用清帐》，包括车水、理龙沟等二百八十四千八文；《浚北门外城河青山桥河浚至殷家口河录》，含收城局拨来钱二百千文，以及捐款项共九百四十七千三百六十文；《北门外自谈家村起至敌台止河长土方工价》，于十三年修造通江桥开支；《郡城北门外护城河自谈家村起至敌台止》，分为十八段；《杂用清帐》，包括萝卜滩切坝、租宗姓泥场等一百二十七千二百；《府城外北塘河自硝皮尖起至殷家桥止土方工价清帐》，内分二十段工程；《杂用清帐》，包括吊桥、青山桥打坝桩木、二虎竹货桥等一百三十八千一百四十八文；《府城外南直护城河北段土方工价》，六百三千二百五十七文，杂用五十八千四百二十文；《府城外西直护城河北段土方工价清帐》，内分三十二段工程；《杂用清帐》五十八千四百二十文。《邗沟自顾唐尖起至黄鳝滨大河口志土方工价清帐》，内分五十四段工程；《杂用清帐》三百四十三千六百二十六文；《前玉带河自西小水关口门起至小浮桥止土方工价清帐》，内分四十六段工程；《杂用清帐》一百三十五千三百二十九文；《府城护城河自北水关外起迤西北至火药湾止土方工价清帐》，内分二十四段工程，并运寄滩泥土修筑北塘塘岸等。最后为《杨子容刻浚河录工料清帐》，共一千一百四十二千零四十四文。

《浚河录》有清光绪刻本。2006年广陵书社出版《中国水利志丛刊》收录该书影印本。

24　清代 《延寿河册》

延寿河则渎东支河之一也,长六百九十丈,浚土三千九百十九方,吴公于计口给赈之外,复捐廉以工贷赈,公给土方价钱一百三十余千,沾水利者为通江乡九都六图、孝西十二都二图、十三都二图、十三都六图,孝东八都一图、八都二图、八都三图、八都五图,又七都四图,继自今灌泄有资,水旱无患。

——《延寿河册·重浚延寿河记》

《延寿河册》,清无名氏辑。延寿河在常州府武进县(今武进区)境内,为孟渎河的支流,长六七里,主要为周边田地的灌溉渠道。

《延寿河册》共四卷,主要收录延寿河水利兴修的文章以及延寿河灌溉田亩细数。卷一为光绪十八年九月武进知县疏浚河道的告示、催促河董将本乡应开支河沟港丈量土方的告示,光绪十九年正月武进县知县催促河工的告示,光绪十八年十二月延寿河工程段董,光绪二十年四月的《重浚延寿河记》与挑浚

一、太湖流域

支河，光绪十九年《重浚延寿河记》，光绪二十年言声均《延寿河喜沾水利记》，咸丰九年十月合同议单，光绪十九年合同议单，光绪十八年十一月合同议单，延寿河灌溉田亩第一号至第十九号沾水利田亩数、车水口，以及水车数量、各车头姓名，第一、二号各家沾水利田亩数与沾水利出工比例。卷二为第三号至第十一号各家沾水利田亩数与沾水利出工比例。卷三为第十二号至第十九号各家沾水利田亩数与沾水利出工比例。卷四为内河田亩细数，包括底田里、长巷里、吕宋、河北村、大戎家、吕家埭头上、小戎家、李家村、管家村、朱家、大刘家、钟家水车数量、车头姓名、各家沾水利田亩数。

《延寿河册》有清光绪二十年（1894年）活字本，2006年广陵书社出版《中国水利志丛刊》收录该书影印本。

25 民国 《武进市区浚河录》

《武进市区浚河录》,又名《武进县市区浚河录》,民国三年(1914年)七月,时任武进市区浚河主任沈保宜、曾省三辑。沈保宜,光绪壬午(1882年)科举人;曾省三,具体事迹不详。

《武进市区浚河录》两册,卷首为时任武进市区浚河主任沈保宜、曾省三上市公所函,具体介绍了民国二年(1913年)十二月至民国三年(1914年)四月疏浚武进城河的经过、经费筹集的经过,以及疏浚的河道工程情况。

上册按照顺序首先是总目,即《武进市区浚河逐段河长土方及用款总账》,其后依次为前河工程,即《前河自西大水关外塘口起至文成坝塘河口止土方工价清册》《前河杂支清帐》;黄鳝浜工程,即《邗沟自顾塘尖起至黄鳝浜大河口止土方工价清册》《黄鳝浜杂支清帐》。《武进市区浚河逐段河长土方及用款总账》，记录了武进市区前河、后河、邗沟、前玉带河四条河的疏浚工程的具体长度、土方、工价、杂支费用，以及大玉带桥疏浚工程。《前河自西大水关外塘口起至文成坝塘河口止土方工价清册》，记录了前河一百十八段疏浚工程的河长、口宽、底宽，以及疏浚的深度、土方、每方价格。《前河杂支清帐》，记录了筑坝、销坝、车水、整泥、翻泥、置办铁器竹货、桥板、修理水关、修理水车、租水车、租滩船、租地积泥、津贴、赶工费用、赏钱、监工薪水、杂项、掩埋露柩、犒赏夫头、运泥费等各项支出费用。《邗沟自顾塘尖起至黄鳝浜大河口止土方工价清册》，即《黄鳝浜疏浚工程清册》，记录了黄鳝浜三十九段疏浚工程的河长、口宽、底宽，以及疏浚的深度、土方、每方价格。《黄鳝浜杂支清帐》，记录了筑坝、销坝、车水、理水、拾街泥捞石、租登圣巷基地堆泥、修理石桥围墙工料、犒赏夫头、文庙前运泥、鲜鱼巷运泥、小营场东运泥具体金额。

下册按照顺序依次是后河工程，即《后河自西门外表场口起至北水关外止土方工价清册》《后河杂支清帐》；前玉带河工程，即《前玉带河自西小水关口起至小浮桥止土方工价清册》《前玉带河杂支清帐》；以及《总局收款清帐》《各河开支总帐》《总局杂支清帐》。其中，《后河自西门外表场口起至北水关外止土方工价清册》，记录了后河一百十七段疏浚工程的河长、口宽、底宽，以及疏浚的深度、土方、每方价格。《后河杂支清帐》，记录了筑坝、销坝、车水、理水、拾街泥、整泥场、翻泥捞石、添置木植桥板、添置竹货、修理水关石桥驳岸工料、津贴、赶工发筹起泥、赏给地保、租水车与滩船、总监工酬劳、监工薪水、杂项、犒赏夫头、运泥等费用具体金额。《前玉带河自西小水关口起至小浮桥止土方工价清册》，记录了玉带河四十七段疏浚工程的河长、口宽、底宽，以及疏浚的深度、土方、每方价格，与大玉带桥五段疏浚工程的具体情况。《前玉带河杂支清帐》，记录了筑坝、销坝、车水、理水、拾街泥、整泥场、翻泥捞石、添置铁器竹货、添置西木丈五筒桥板、修理石桥码头桥驳岸泮宫牌楼栏杆工料、赔修武署围墙车轴工料、津贴、赏给地保、租水车与滩船租地、总监工酬劳、监工薪水、掩埋骨殖五次、杂项、犒赏夫头、运泥等费用具体金额。《总局收款清帐》，记录了收取省公署、县公署拨款，盐公栈引捐，钱绍云、冯晓青、伍渭英等个人捐款的数额。《各河开支总帐》，记录了各河土方工价切滩草跳、各河杂支、运寄泥费用具体金额。《总局杂支清帐》记录了赴无锡领款往来费用，赴宁领款川资、堂食、东河添设局堂食、书记会计薪水、监工运泥薪水、租滩船运泥、翻泥、赏钱等具体金额。

《武进市区浚河录》有民国木活字本，2004年线装书局出版《中华山水志丛刊》收录该书影印本。

一、太湖流域

26　民国 《江南水利志》

　　是书出于江南水利局,以局名名其书,故曰"江南水利志"也。前乎此者,有道光间江夏陈氏之书,有光绪间监利李氏之书。李书续陈书,兹何以不续李书？李书之后以迄宣统,书缺有间矣,乃断自民国始,故曰"民国江南水利志"也。

——《江南水利志·叙例》

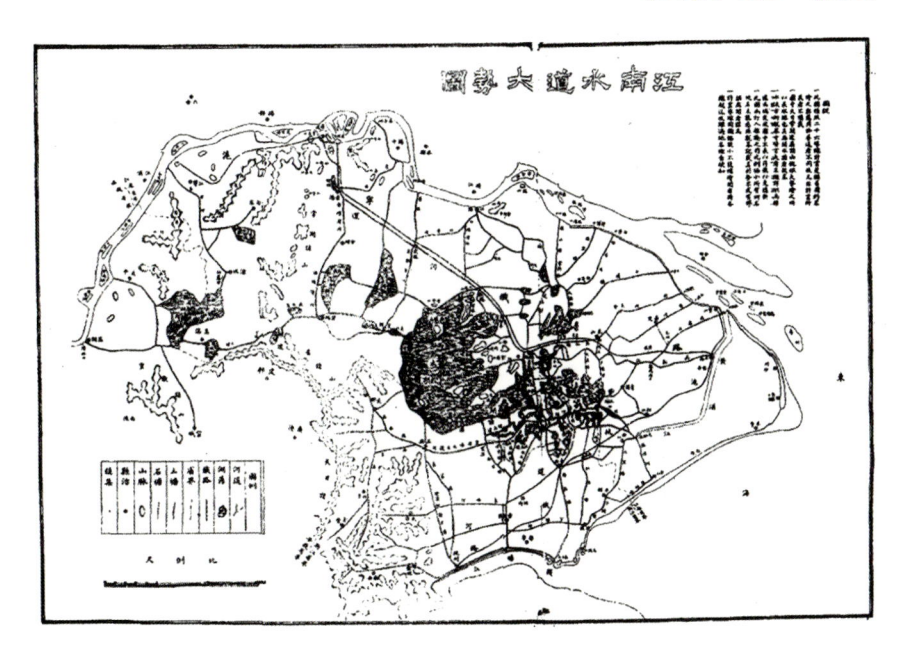

　　民国《江南水利志》,沈佺纂。沈佺(1862—1932),字期仲,浙江吴兴(今湖州)人,曾任苏州府昭文县令、江苏淮安府桃源县令、太仓州宝山县令、南汇县县令、江苏候补道、江南水利局总办等职。

　　关于《江南水利志》书名之来源,《江南水利志·叙例》称:"是书出于江南水利局,以局名其书,故曰《江南水利志》也。"江南水利局是民国前期负责江南水利建设和管理的机构，其历史始于同治十年（1871年）在苏州成立的苏垣水利局，又称江苏水利局。民国三年（1914年），为兴修江南水利工程，在吴县设立江南水利局，"其区划则江宁、句容、溧水、高淳、丹徒、丹阳、金坛、溧阳、扬中、上海、松江、南汇、青浦、奉贤、金山、川沙、太仓、嘉定、宝山、崇明、吴县、常熟、昆山、吴江、武进、无锡、宜兴、江阴共二十八县"，民国十六年（1927年），江苏省政府建设厅开始主管全省水利工作，江南水利局被撤销，与督办苏浙太湖水利局合并成立太湖流域水利工程处，直隶国民政府。江南水利局的首任总办是徐寿兹，他于民国三年四月任江苏省实业司司长兼领筹备水利处处长，九月任江南水利局总办，后沈佺接任江苏水利局总办，并主持编纂了《江南水利志》。

《江南水利志》共十卷，所载内容至民国九年（1920年）六月止。卷首为沈佺的序、叙例及图绘。卷一是《论议》，卷二为《财用》，卷三为《测量》，卷四至卷九为《河工》，卷十为《塘工》，卷末为《题名》和《附录》，每卷前都有小序。卷首图绘包括《江南河湖海塘大势图》《白茆河图》《娄江图》《吴淞江图》《蕴藻浜图》《泖湖图》《吴江县水道图》《丹徒、丹阳两县水道图》《宜兴县水道图》《溧阳县水道图》《高淳县水道图》《溧水县水道图》《赤山湖图》

《便民河图》《宝山海塘总图》《宝山海塘分图》《太仓海塘图》《崇明海塘图》《川沙海塘图》《南汇海塘图》《奉贤海塘图》《松江海塘图》《金山海塘图》。卷一主要收录水利局的水利规划、提案、请示等，包括《实业司长徐寿兹筹划本省水利呈文》《省署调查员庞树典水利计划图说》《宝山县请浚蕴藻河详文》《水利局奉巡按使批详饬知宝山县文》《嘉定、青浦两县士绅请取销吴淞改道之议禀文》《省议员金天翮筹兴水利从测量入手提议案》《水利局总办沈佺测量意见书两则》等。卷二是《财用》，主要为经费的筹措、管理，以及预算、决算案等，包括《八县带征水利经费本年为始文》《巡按使据财政行详水利用款不得任意挪垫由批》《为请于七年度国家预算编列海塘工费三十万圆呈文》《为拟仿江北治运成案附收货捐二成拨充水利经费请咨省议会呈文》《水利经费之统计》《海塘经费之统计》等。卷三为《测量》，主要包括测量机构的组建、测量经费的申请、测量工作的实施等文件，如《为吴淞测绘诸委任庞树典、袁承曾主任详文》《为测量待款急请续拨并追加预算详文》《淞沪测量事务所实测苏州河蕴藻浜图说折呈》《为殿泖工程测量事竣规划办法呈文》等。卷四至卷十是江南水利局所着手的一系列工程，分为河工和塘工两部分。其中，卷四为白茆河、娄江；卷五为吴江浪打穿工程、吴江官塘工程、苏州觅渡桥河工程及苏州金鸡湖堤工程；卷六为吴淞江工程和泖湖工程；卷七为溧阳河工程、宜兴河工程、金坛河工程；卷八为徒阳运河工程；卷九为常润诸山以西的各类工程，如高淳河工、溧水河工、赤山湖工程、便民河工程及河工纪事表；卷十为塘工，包括宝山、太仓、常熟、崇明、川沙、南汇、奉贤、松江、金山工程。卷末是题名和附记，包括省及所属各道、县的行政官员，水利局人员，本书的编辑人员等；附记四则，一是苏浙水利局合聘荷兰贝龙猛工程师的文件，另为民国六年（1917年）六月、十二月，民国七年（1918年）九月从河海工程学校和省立第二工业学校遴选优秀毕业生的文件。

《江南水利志》完成于民国九年（1920年）七八月间，有民国十一年（1922年）江南水利局木活字本。2004年线装书局出版《中华山水志丛刊》收录该书影印本。

27　民国 《薛家浜河谱》

　　盖闻尧有九年之水，汤有七年之旱，水旱之降，自昔而然。我薛家浜地势高亢，每逢旱年必至蠡塘筑坝戽水，灌溉田禾。其中河流辽远、高低不一，务须调剂有方，乃克公平无弊，故旧制、河规班班可考矣。近因世道日非，人心叵测，弊端百出，不胜枚举，为此改刊河谱，重整规条，庶浜内同人知所警戒而勿犯，得所遵循而勿替矣。

——《薛家浜河谱·同人公识》

　　《薛家浜河谱》，民国谭秉纲辑。谭秉纲，字幼常，事迹不详。

　　薛家浜是江南地区的一条灌溉河道，位于"蠡塘东岸，鹅山西麓"。此处"有旷野平原可数千亩，地势高亢，河流细浅，每逢岁旱，必至塘河口筑坝戽水，庶可挽救禾苗。相传，从前在枫溇口起水，自淤塞之后，改移其南薛家浜，由来久矣"（谭秉纲《纂辑薛家浜河谱记》）。

一、太湖流域

薛家浜用水则例早已有之，"所有河规议单，系同治年间先祖考元襄公手订。因年深月久，人事变迁，类皆破损无存，其中规条亦有今昔之殊，然数十年来均赖此以为准绳焉"（谭秉纲《纂辑薛家浜河谱记》）。民国二十三年（1934年）大旱，"自黄梅始，迄无下雨，分秧时，浜水干涸，立秋后，塘河绝流。凡遇旱年，我薛家浜两岸田亩无以灌溉，必至追寻旧规，议筑塘河。乃时移世迁，用有不当，遂改议焉"（谭秉钧《弁言》）。"因念旧制之将湮，新规之无存，车头之顶替，新添之无稽，乃由蒋芝林、蒋川大、堵廷玉诸君，邀集通浜车头议修河谱。"（谭秉纲《纂辑薛家浜河谱记》）

《薛家浜河谱》不分卷，卷首依次收录了民国二十三年（1934年）谭秉钧《弁言》、谭秉纲《纂辑薛家浜河谱记》、蒋芝林《薛家浜河谱记》、朱根荣《薛家浜甲戌旱象记》，分别记述了民国二十三年大旱的景象，以及修葺《河谱》的缘由。正文部分分别为《河规三十六条》《坝规十二条》《起水规约十八条》《领水折算法》《丈量车垛引》《薛家浜河图》《车头承替芳名表》，附录为《同治六年河规议单》。其中，《河规三十六条》详细记录了河道疏浚、筑塘、车水顺序等管理规章制度以及处罚金额。《坝规十二条》详细记述了坝上安置水车的规格、每日管车人数，以及车水时间与处罚措施。《起水规约十八条》详细规定了用水的标准，如"起水之多寡，视车垛之高低、车筒之长短，折算开票起水""车垛高低以三尺八寸为直兑，高则照加，低则照减"。用水需以"水票"为凭，"须于前一日到水局领票，水票上起水日期、坝上车头名字、起水车垛地点、所领线数、车筒长短、折水多少、何人过筹，均翔实注明"，如果没有水票擅自用水，则要"照偷水处罚"。《领水折算法》详细规定了所车之水的折算方法，"车垛以三尺八寸、车筒以十八张为直兑，不加折扣""车垛每高一寸一百水内多收二转，每低一寸一百水内少收二转，高低至二尺以上者加倍折算"。《丈量车垛引》介绍了民国二十三年（1934年），将长一丈四五尺的粗直毛竹劈成两半，用麻线或木尺画尺寸度数丈量车垛高低的缘由，并附带记录了各车垛的地址以及高低尺寸。《薛家浜河图》为谭秉纲于民国二十三年所画，图中详细标注了薛家浜各村庄、桥梁、坝垛，以及起水车垛的位置。车头承替芳名表，以《千字文》中天、地、玄、黄为次序，自北而南介绍了四十二个车头的姓名，以及对应的用水户姓名。附录为《同治六年河规议单》，介绍了薛家浜河谱的历史渊源、河规，以及各车头的姓名。

《薛家浜河谱》有民国二十三年（1934年）的活字本。2006年广陵书社出版《中国水利志丛刊》收录该书影印本。

28　民国 《白茆河水利考略》

故慕天颜《请浚白茆港疏》曰："常熟之白茆港，系苏、常诸水东北出江第一要河。自明季失修，湮塞成陆，旱则潮汐不通，涝则宣泄无路。若此港通，不惟常熟水旱无虑，即昆山、长洲、太仓、无锡、江阴无不沾其利。"
——《白茆河水利考略》

圖型模閘茆白

《白茆河水利考略》，民国二十四年（1935年）扬子江水利委员会编。扬子江水利委员会，1935年4月成立，其前身为1921年12月成立的扬子江水道讨论会。1928年5月，改组扬子江水道讨论会为扬子江水道整理委员会。1935年4月，合并改组扬子江水道整理委员会、太湖流域水利委员会、湘鄂湖江水文站为扬子江水利委员会。

一、太湖流域

白茆河在江苏常熟县之东南,经白茆镇,过支塘,向东北流至白茆口入江,是太湖通海的主干河道,担负着太湖地区排水出海的重要任务。《白茆河水利考略》第三章《白茆与苏、松、常水利之关系》中说:"故慕天颜《请浚白茆港疏》曰:'常熟之白茆港,系苏、常诸水东北出江第一要河。自明季失修,湮塞成陆,旱则潮汐不通,涝则宣泄无路。若此港通,不惟常熟水旱无虑,即昆山、长洲、太仓、无锡、江阴无不沾其利。'"宋代以前,太湖流域水系没有紊乱,因此还没有疏浚白茆河的记录,但随着宋代之后的太湖流域的开发,水利与生产关系紧张,白茆河的疏通与否,直接关系到周边的水利环境。明代的海瑞、清代的林则徐都曾主持过白茆河的疏浚。中华民国成立之后,随着政治体制的变化、国家现代化进程的推进,由传统的士绅主导的地上治水模式开始向政府主导转变,于是由扬子江水利委员会主导编制的《白茆河水利考略》应运而生。

《白茆河水利考略》共十九章,书后附图五幅。第一章为《白茆河之位置及流注》,第二章为《白茆与太湖之关系》,第三章为《白茆与苏、松、常之水利关系》,第四章为《白茆在诸浦中占重要地位》,第五章为《宋以前之白茆》,第六章为《宋以后之白茆》,第七章为《近时之白茆》,第八章为《白茆疏浚之始》,

第九章为《白茆之大浚》，第十章为《白茆之改浚》，第十一章为《白茆之展宽》，第十二章为《论通江引潮之害》，第十三章为《论建闸筑坝之利》，第十四章为《白茆建闸之兴替》，第十五章为《白茆筑坝之情形》，第十六章为《最近白茆建闸之拟议》，第十七章为《建闸地址之勘定》，第十八章为《闸座之计划》，第十九章为《建闸后之利益》。附图五幅分别为《白茆河流域全图》《白茆闸位置图》《白茆闸平面图》《白茆闸侧面图》《白茆闸模型图》。

《白茆河水利考略》重在对白茆河的水利治理历史进行较为详细的考证。

《白茆河水利考略》有民国二十四年（1935年）铅印本。2006年广陵书社出版《中国水利志丛刊》收录该书影印本。2020年中国水利水电出版社《中国水利史典（二期）·长江卷二》收录柳燕的整理点校本。

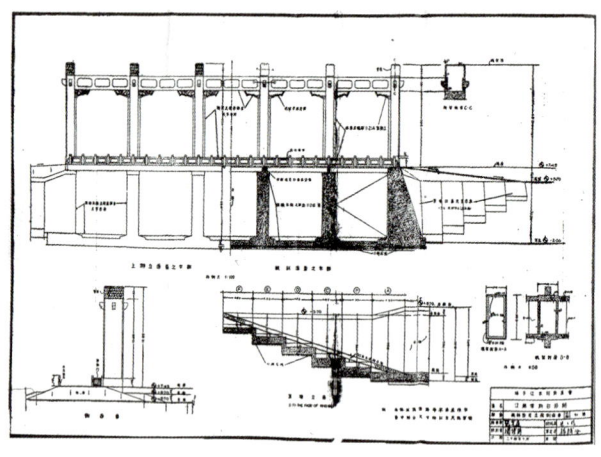

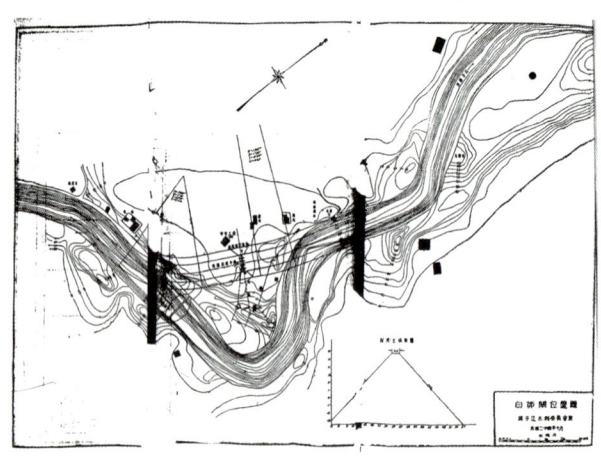

二、长江流域

1　明代　李昭祥　《龙江船厂志》

嘉靖庚戌，李子元韬由名进士出宰剧邑，更历老练，擢任斯职。慨规制之弗一，患记载之靡悉，是上无道揆，下无法守也。财殚力疲，利未见而害有甚焉者矣，岂国家建官之初意哉！于是潜心尽力，博考载籍，名物度数，沿革始末，一一书之。越两寒暑，萃成为志。

——《龙江船厂志·序》

《龙江船厂志》，明李昭祥著。

龙江船厂，即龙江造船厂，又称龙江宝船厂，是明代洪武初年在都城应天（今江苏南京）西北隅创建的造船厂，位于南京市鼓楼区三汊河附近，因地处当时南京的龙江关（今下关）附近，故名。船厂设有工部分司，以提举司综理造船业务，以帮工指挥厅作为办事机构，以篷厂、细木、油漆、铁、索、缆、舱等七个作坊，还有看料铺舍等机构和工作间。船厂既造战船，又造运船，郑和下西洋船队的部分"宝船"即由此厂建造。明世宗嘉靖十五年（1536年）明令缩小规模，改组新厂，并正式命名为龙江船厂。

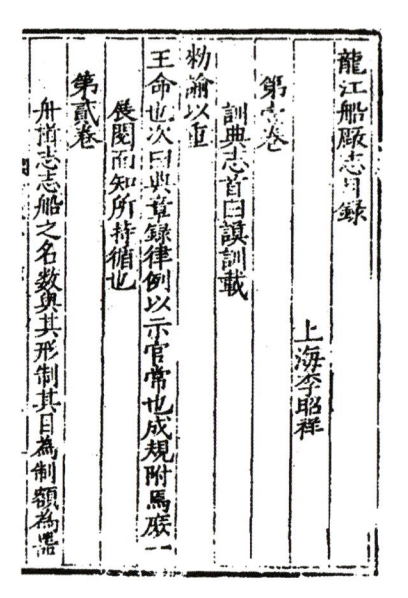

李昭祥，字元韬，明松江府奉贤（今属上海）人。嘉靖二十六年（1547年）进士。嘉靖三十年（1551年）升工部主事，驻龙江船厂，主持龙江船厂，因船厂管理混乱，厂中管理岁无定法，工役日繁，奸弊日滋，遂博考载籍、名物度数、沿革始末，以两年时间撰成《龙江船厂志》。

《龙江船厂志》共八卷，一志一卷，依次为《训典志》《舟楫志》《官司志》《建置志》《敛财志》《孚革志》《考衷志》和

《文献志》，内附各种船图 26 幅。卷一为《训典志》，首曰"谟训"，收太祖、宣宗、世宗三朝的敕谕。次曰"典章"，记载诸司职掌、职掌条例以及《大明律》和《会典》中规定的若干条文。其内容涉及海战船、内河战船的年产量与各卫所的战船配置情况。三曰"成规"，收录了明初至嘉靖年间对修造船舶的若干规定，内容广泛，包括船种、产量增减、每艘战船的造价、用材料数量、修理之年限，修船时必须使用若干旧钉、旧材的数额等。卷二为《舟楫志》，记载了船厂所造黄船、战座船、巡战船、渔船、湖船等五大类数十个品种，北京、南京及其他卫所应配置的船种和数量，后附以船图。船图分两类：一类是船体结构图，共 2 幅，详注船体各部位的名称；另一类是 24 种古船的外观图，配文说明各种船舶的特点、用途、变化以及长阔高尺度。卷三为《官司志》，记叙龙江船厂的隶属关系、明代政府对船厂的管理制度，从洪武至嘉靖年间历任郎中、主事等官员名单，以及船厂内部组织结构、所属官员、杂役名额等。卷四为《建置志》，追述洪武初年开始建置船厂，嘉靖年间缩小规模改建新厂，以"龙江"命名的经历，并附有厂址和提举司分司的平面图，以及新厂建后厂内衙署、亭阁、各类作房的建造情况。卷五为《敛财志》，记载了造船所需各种原材料，计有木料、竹货、五金、五彩颜料、麻类、油料、灰炭、皮毛、丝布、漆料等 10 大类 104 种，并对其中的楠、杉原木和板材均按不同长短、粗细规定了价格，

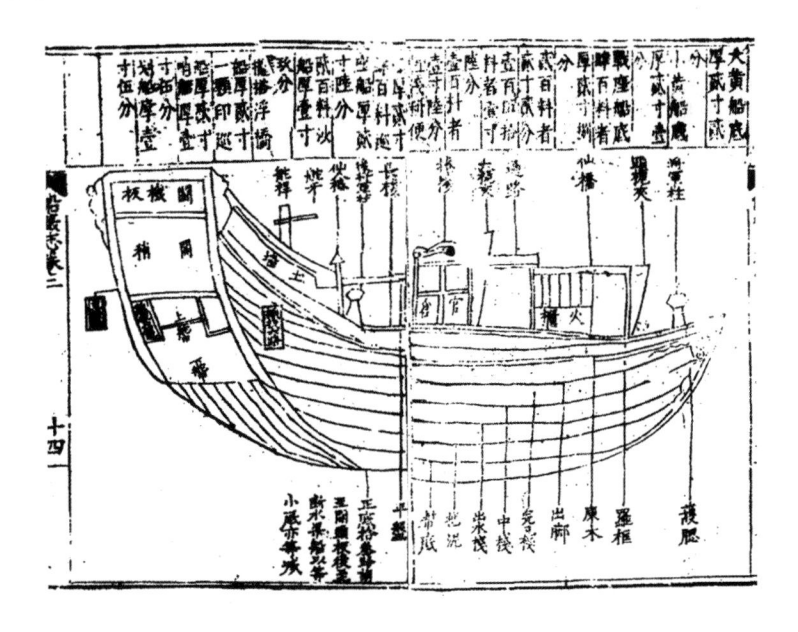

还记叙了船厂自筹经费的来源，是以隶属本厂的土地召农承佃，收取麻类、油料等实物地租。卷六为《孚革志》，记载了收料、造船、收船、佃田、看守等五个方面的弊端，其中仅在造船过程中就存在偷工减料、以次充好、擅改规程、工艺粗糙、拖延时日等八大问题，提出"慎任使""杜请托""平市价""察扣减""戒滥恶""谨法度""禁需求""惩勒揞""验器物""查板片""惩玩愒""汰老弱"等解决办法。卷七为《考衷志》，收录五大类数十种船舶各自的造价、用工标准和所用材料的规格及数量。卷八为《文献志》，收录了从远古至明嘉靖间古文献中关于船制、造船的记载，目的是"考今揆昔，循景察标，亦足以达从违之宜、广得失之鉴"。首曰"创制"，辑"刳木""梁舟""钩拒"等六十五种各时代船舶或船具，每条下均收注其出处及原文。次曰"设官"，简要介绍了西周至宋二十余种管理水运和船舶的官衙、军职、船工的称谓与职能。三曰"遗迹"，从"黄帝臣共鼓厍狄为舟楫"开始，依时代先后记述历代造船、水战史迹，至明初徐达率军北伐"至天津获元海船为浮梁济师"，共收九十四条。

《龙江船厂志》是记述明代造船史和官营手工业管理史的重要文献，对研究郑和宝船具有重要价值。

《龙江船厂志》有嘉靖三十二年（1553年）刻本，20世纪40年代现身于无锡，由郑振铎收入《玄览堂丛书续集》，1947年由国立中央图书馆影印出版。1999年江苏古籍出版社出版《江苏地方文献丛书》、2019年南京出版社《"一带一路"丛书·郑和系列》中均收录了王亮功的校点本。2014年南京出版社出版《金陵全书·甲编·方志类·专志》中收录了《龙江船厂志》南京图书馆藏本影印本。

二、长江流域

2　清代　马士图　《莫愁湖志》

> 莫愁湖在江宁省会石城门西，因六朝刘宋时卢莫愁居此故名。尝考历代诗词，惟泛咏佳人莫愁而不及湖。至元人叶天民有《莫愁烟艇》诗，而湖始著。明人诗词渐有莫愁湖名，有因为中山王别墅，所以游屐罕至，至国朝咏是湖者始多。
>
> ——《莫愁湖志·序》

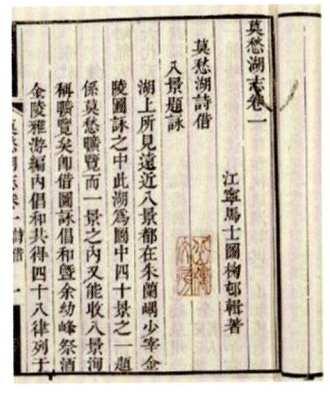

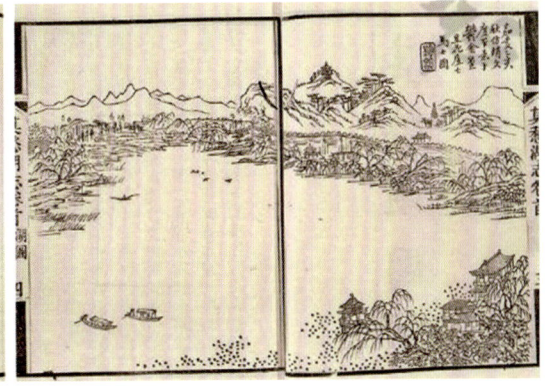

《莫愁湖志》，清代马士图撰。马士图（1766—?），字宗瓒，号楱村，别署莫愁懒渔，晚称无想山人，江宁（今南京）人，诸生。工画山水、仕女，兼写竹梅，精鉴别，家居莫愁湖上。尝集画社于胜棋楼，至者三十三人，极一时之胜。著有《莫愁湖志》《豆花村诗钞》。

莫愁湖位于南京市建邺区外秦淮河西侧，是南京主城区内仅次于玄武湖的第二大湖泊。莫愁湖属于浅水湖泊，六朝时期，长江南岸线北移，由长江、秦淮河冲积平原的低洼处积水而成。南唐时期，时称横塘，因其依傍石头城，亦称石城湖。莫愁湖因湖成园，又是一座具有一千五百年历史的江南名园，因南齐少女莫愁曾住于此园而得名，有"金陵第一名胜"的美誉，也是南京的标志之一。明朝中叶，莫愁湖为徐达后裔、魏国公徐氏别业，为金陵名园。清朝乾隆五十八年（1793年），莫愁湖进行大规模整治，沿湖修筑"郁金堂"等楼台十余座。咸丰年间，建筑及花树毁于战火。清朝同治十年（1871年），重建莫愁湖。民国十八年（1929年），莫愁湖被辟为公园。清朝嘉庆二十年（1815年），家居莫愁湖上的马士图编成《莫愁湖志》。

《莫愁湖志》是关于莫愁湖的第一本专志，共六卷，分上、下两册。上册一至四卷，印有"光绪壬午卯月重锓"；下册五、六两卷，印有"光绪辛卯五月重锓"。其中版画有明中山王遗像、莫愁湖图两幅、曾公像、卢莫愁小像。卷首有自序、题词、目录、莫愁湖序、莫愁湖图、莫愁湖新建曾公阁记、莫愁湖赋。卷一为《莫愁湖诗借》，收录了朱之蕃、杜士全、余孟麟、焦竑、顾起元、李尧栋、袁枚等人的诗。卷二为《山水》《关梁》《祠庙》《古迹》，其中《山水》介绍了湖南路的牛首山、雨花山、三山门城河与淮流合，湖北路的清凉山、小仓山、钵盂山、石城门城河、北圩、茭瓜塘、中山王湖田，湖东路的钟山、冶城、秦淮、三山门城河、九里山、江东门新河、大江；《关梁》介绍了湖南路的驯象门、塞洪桥，湖北路的石城门、石城桥，湖东路的三山门、西水关、觅渡桥，湖西路的江东门、江东桥、高子巷；《祠庙》介绍了湖南路的郁金堂、胜棋楼、湖心亭、华严庵、观音庵、大王庙、雷公庙、王家牌亭、玉皇阁、报恩寺塔，湖北路的天仙庵、普惠寺，湖西路的江宁县节孝祠、明黄侍中祠；《古迹》介绍了湖南路的屈大均宅、麾扇渡、昇元阁、乌衣巷、凤游寺，湖东路的孙楚酒楼、赏心亭、张丽华墓、

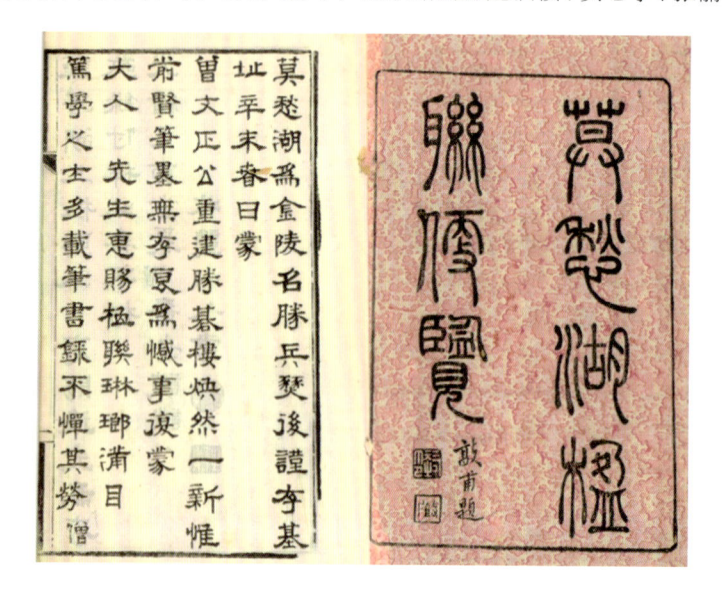

二、长江流域

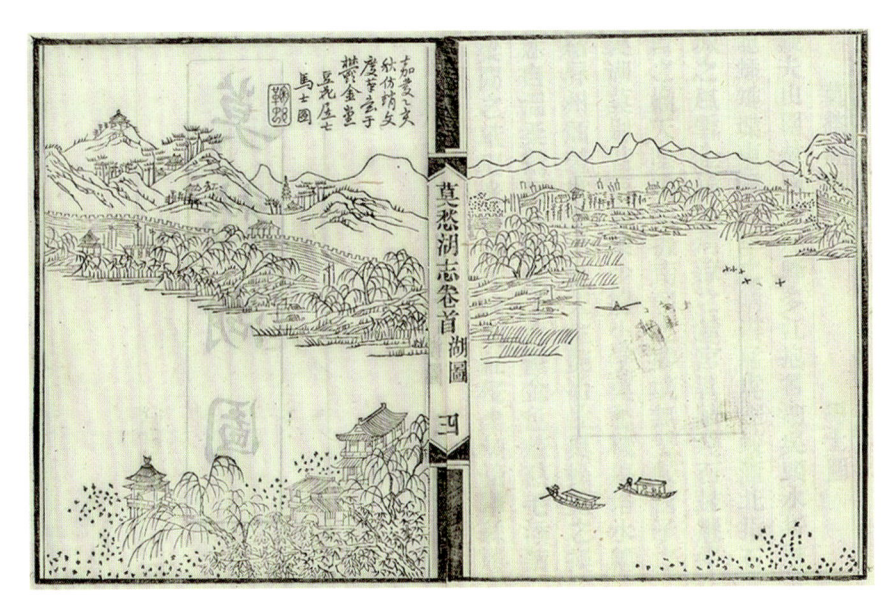

王处士水亭、来宾楼、重译楼、鹤鸣楼、醉仙楼，湖西路的集贤楼、乐民楼、轻烟楼、淡粉楼、柳翠楼、梅妍楼、白鹭亭，湖北路的石头山、蚵蚾矶、长命洲、投书渚。卷三为《文考》，收录了《康熙江宁府志》《乾隆江宁县志》、蔡方炳《增广舆记》、余孟麟《金陵雅游编》、余宾硕《金陵览古》，以及马士图《金陵莫愁考》《莫愁非妓辩》。卷四为《画社》，收录了《莫愁湖丹青引》《金陵同人姓名录》。下册为郁金堂诗词证小引、莫愁小像、郁金堂八景题咏。卷五为《郁金堂诗证》，收录了无名氏的宋乐府《莫愁乐》、梁武帝的《河中之水歌》、沈佺期的《古意呈补阙乔知之》、韦庄的《忆昔》、李贺的《莫愁曲》、李商隐的《无题》、吴融的《和人有感》，以及余孟麟、焦竑、朱之蕃、杜士全、顾起元、余怀、顾梦游、田雯、王士正、宋琬、赵执信、冯班、朱卉、汪震来、屈景贤等人的吟咏莫愁湖的诗歌。卷六为《郁金堂词证》，缀以《补梦》，收录了周邦彦的《金陵怀古》及宋琬、郑燮等人吟咏莫愁以及莫愁湖的诗歌。

《莫愁湖志》收录了上起六朝、下迄清代的与莫愁湖相关的楹联、诗词、文章、图画等内容，充分展现了莫愁湖独具特色的人文气息，是有关莫愁湖的重要文献。

《莫愁湖志》有清嘉庆十二年（1807年）本，光绪八年（1882年）重印本。2014年南京出版社出版《金陵全书·甲编·方志类·专志》中收录了该书的影印本。2020年南京出版社出版《南京稀见文献丛刊》收录了吴福林校注本。

3　清代　黎世序　《练湖志》

晋陵郡之曲阿县下，陈敏引水为湖，水下周四十里，号曰曲阿后湖。
——郦道元《水经注》

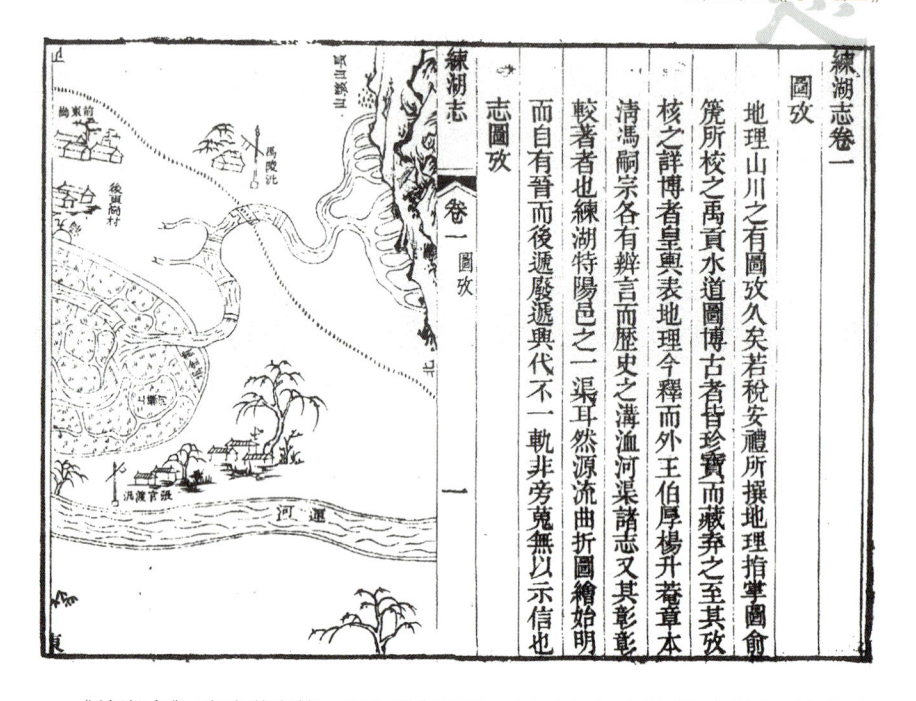

《练湖志》，清黎世序纂。黎世序（1772—1824），初名承德，字景和，号湛溪，罗山县（今河南罗山）人。嘉庆元年（1796年）进士，授江西星子知县，调任南昌知县。嘉庆十三年（1808年），擢江苏镇江知府。镇江丹阳练湖年久失修，积淤成田，汛期即成水患。黎世序依据图籍和民众意见，制订浚淤方案，工程竣工后，练湖通航，水患减少，淹没区农田开始受益。嘉庆十六年（1811年），迁淮海道，与河督陈凤翔争堵倪家滩决口，从此闻名。嘉庆十七年（1812年），调淮扬道，不久陈凤翔罢职，诏加黎世序三品顶戴，署江南河道总督。道光元

二、长江流域

年（1821年），加太子少保。道光四年（1824年），卒于任上，终年52岁。

古练湖为人工湖，晋惠帝永安、建武元年（304年），广陵相陈敏应丹阳、金坛、常州等地乡民所请，蓄洪抗灾，筑埭四十里而成。据《练湖志》记载，练湖建在开氏祖地上，建时开氏拔宅而去，湖成之后，地名成了湖名，名"开家湖"。晋时，丹阳县名曲阿，湖位于县治西北，改名"曲阿后湖"。西晋郗鉴凿塘练兵以备陈敏，湖名称"练塘"。唐天宝元年（742年），曲阿改名丹阳，湖随县名"丹阳湖"。南北朝时的宋元嘉二十七年（450年），宋文帝刘义隆与侍臣颜延之车驾游湖，见湖中风光秀丽、美不胜收，赐名"胜景湖"。南宋建炎年间，金兵南下，社会动乱，练兵于湖，于是改名"练湖"。"练湖"还有湖水如练一说。

《练湖志》共十卷，卷首有《叙》《纂修姓氏》《目录》《凡例》《宸翰》。卷一为《图考》，收录了《练湖图》《丹阳县志·练湖源流》《新唐书》《宋史·河渠志》《元史·河渠志》《明史·河渠志》《舆地志》《世说新语》《水经注》《文选注》《行水金鉴》《水利全书》《江南通志》《河防志》《嚼梅轩偶存》《明会典》《镇江府志》中关于练湖历史沿革的文字，以及吴伟业的《王慕吉墓志铭节略》

与王慕吉《宰阳政略三则》。卷二为《兴修》，从"晋时陈敏据有江东，务修耕织，令弟诣遏马陵溪以溉云阳，号'曲阿后湖'"(《舆地志》)，至嘉庆十四年(1809年)冬，郡守黎世序与丹阳县令徐学瀚议请大宪重修下湖头、二、三闸，至嘉庆十五年(1810年)三月，闸堤工成期间练湖的历史沿革与兴修过程。卷三为《奏章》，收录唐代刘晏的《练湖修废利害疏》，南唐吕延贞的《请建斗门奏略》，宋代向子諲的《增置练湖斗门石奏略》，元代毛庄的《请修浚练湖疏》，明代郭思极的《请复练湖并浚孟渎疏》，陈世宝的《请复练湖浚孟渎疏》，林应训的《请清复练湖疏》，徐卿伯的《请清湖地以济漕运疏》，饶京的《复湖济漕疏》，余城的《济漕安民疏》，陈干惕的《练湖修复已完蓄水济漕有赖疏》，庄祖诲的《修复练湖疏》，以及清代秦世祯的《请复湖疏》，马祜的《请复湖疏》。卷四为《公牍》，收录了明代《镇江府申详抚院严革佃湖详文》《苏州府理刑申院革佃详文》，万历十三年《重立湖禁》和《镇江府奉钦依清查练湖帖》，崇祯三年《常镇道奉按院复湖济运牌》，崇祯四年《镇江府奉军门清复练湖牌》《镇江府理刑厅周呈详院道申文》《常镇道革佃摊圩追帖追租告示》《复湖济运详文》《漕运详文》《申覆按院祁询访水利》。卷五也是《公牍》，收录了清代《院道行府下县清复练湖文》《刘郡守勘语》《常镇道原练湖勘语》《常

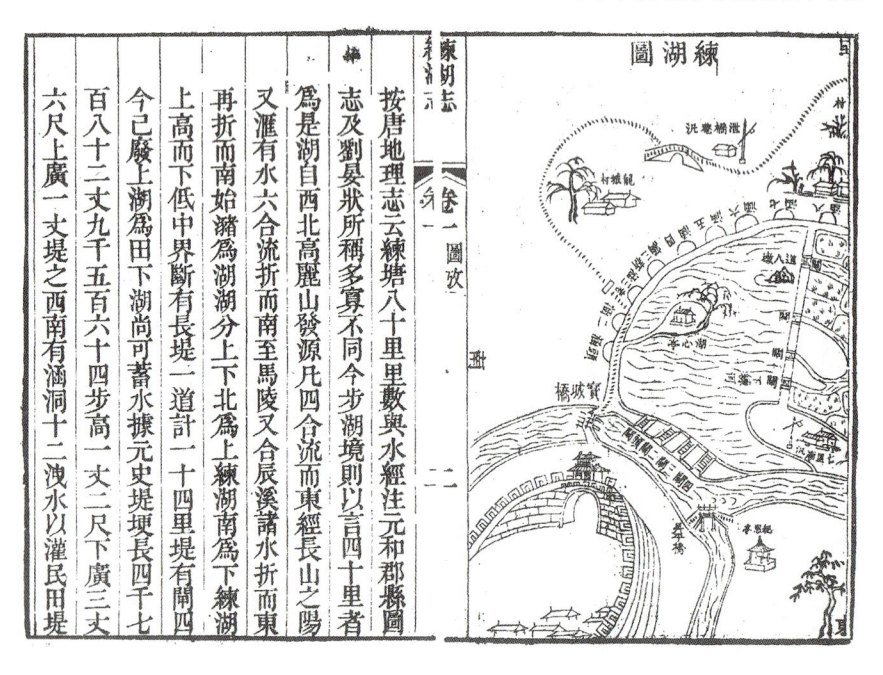

二、长江流域

镇道原申报各院回详行府牌》《请复练湖详文》等。卷六为《论说》，收录了丁一道的《练湖议》，姜宝的《漕河议》《固湖堤以蓄水济运议》，曹允儒的《练湖水利议》《练湖说》，周廷镳的《复祖制万年水利议》，张国维的《丹阳县全境水利图说》，郑若曾的《练湖说》，姜志礼的《续漕河议》《漕河治标议》。卷七为《书叙》，收录了姜宝的《镇江府水利图说叙》《与郭龙渠抚院论运道书》，姜志礼的《谢南少司空何匡我》《复邑令袁汉阴书》《复某大尹》，曹勋的《练塘考叙一》，蒋清的《练塘考叙二》，杨义的《湖漕成案叙一》，吴赞元的《湖漕成案叙二》，汤谐的《练湖歌叙录引言》。卷八为《碑记》，收录了南唐吕延贞的《练湖铭》，元代翟思忠的《复修练湖记》，陈膺的《重修练湖记》，明代张存的《重修练湖碑》，眭煜的《申禁侵佃练湖碑记》《钦依湖禁碑》《镇江府奉旨增造闸座记》，陈继儒的《练湖纪事》，张捷的《邑令王慕吉生祠节略》，以及清代《泥亭古坝永禁开泄碑》《题请修复练湖碑记》《湖心亭圣恩碑记》等。卷九为《赋咏》，收录了清代贺鉴、姜藻的《练湖赋》两篇，以及上自南朝宋文帝，下至清代的著名人物吟咏练湖的诗歌，如颜延之、储光羲、李白、许浑、陈师道、刘宰、王鏊等人。卷十为《轶事》，辑录了历代志书中关于练湖的轶事，"以增平湖之色，而永水利之传也"。

《练湖志》有嘉庆十五年（1810年）刻本，2004年线装书局出版《中华山水志丛刊》收录该书影印本。2015年中国水利水电出版社《中国水利史典·太湖及东南卷一》收录汪显贵的整理点校本。

4 清代 金滐 《金陵水利论》

金陵之水，青溪、运渎、城濠、潮沟而外，至大者莫如秦淮。昔贤论述求其端委分明、切中要领者，以康熙间金公济先生《水利论》为最。

——甘福《金陵水利论·序》

《金陵水利论》不分卷，清代金滐著，甘福校。金滐，字公济，江宁府（今南京）人，生活于康熙时期，具体事迹不详。甘福（1768—1834），字德基，号梦六，江宁府人。甘福幼嗜藏书，年长后建"津逮楼"，藏书共达十万余卷，人称"蓄书之富"，推甘氏"津逮楼"为最。甘福乐善好施，被乡里人称为"孝义先生"，道光十八年（1838年）受旌表，塑像祀于南京夫子庙大成殿，道光十二年（1832年），因疏浚秦淮河工程竣工，被授予按察司经历衔。

南京古称金陵、建康，是中国南方的政治、经济、文化中心。历史上南京既受益又罹祸于其得天独厚的地理位置和气度不凡的风水佳境。1645年，清军攻陷南京后改应天府为江宁府，定为江南省省府，成为统辖江苏（含上海）、安徽和江西三省军民政务的两江总督都署驻地。康熙、雍正年间南京人口达百万，为世界十大城市之一。随着城市人口增长与经济发展，南京内河水环境不断恶化，水质污染日趋严重，严重影响了群众的日常生活。《金陵水利论》就是在这样的背景下写成的。

《金陵水利论》中描述了清代南京城市水利系统的相关情形，包括地形、水道起止、水关的位置及其演变等。书前为道光十四年（1834年）甘福所作序，页眉处有汪栋的评语，书后有汪正鋆、庄兆熊、秦宇和、杨长年跋文四篇。甘福对《金陵水利论》给予了很高评价："昔贤论述求其端委分明、切中要领者，以康熙间金公济先生《水利论》为最。"

中国古代讲究风水，都邑、村镇、宫宅、园囿、寺观、陵墓、道路、桥梁等，从选址、规划、设计到营造，几乎无不受到所谓风水的深刻影响，因为古人认为风水可以保证人类的身心健康以及后世的昌盛。《金陵水利论》中从风水理论的角度对南京城市的水利问题进行了讲解，比如水关的建造要合乎阴阳、天地之数，水道的通塞会影响城市的元气等。作为点评者的汪栋对此很是推崇，他说："金公精于形家，所论皆确有可据。此志修于康熙初年，至今又百数十载，如此大都会，何以竟无一卓识者陈之当道，诸公毅然行之乎？可慨已！"

《金陵水利论》有清津逮楼藏道光十四年（1834年）刊本。2020年中国水利水电出版社《中国水利史典（二期）·太湖及东南卷三》收录刘国庆的整理点校本。

5　清代　尚兆山　《赤山湖志》

今遭盛际，拟事编抄，而此湖为实政所关，则记载当亟疏利弊。若志乘之泛填风月，殊非民瘼所需。

——《赤山湖志·自序》

《赤山湖志》，清尚兆山纂。尚兆山，字仰止（1835—1883），句容县（今江苏句容）人，是晚清时期有名的画家、金石鉴赏家、方志学家，善写诗，著有《括囊诗词草》《清画家诗史》《楚辞选注考》。

赤山湖位于江苏省镇江市句容县城西南15公里处，西临赤山，是南京母亲河——秦淮河的源头之一，也是目前秦淮河流域句容境内唯一的自然湖泊。赤山湖历史源流有二：一是承受境内东南茅山、方山、丫髻、瓦屋、浮山、虬山诸山之水，二是承受境北仑山、武岐、空青、华山诸山之水。两源总来水面积806.13平方公里，分流汇合于湖，下注秦淮河入江。赤山湖原为自然湖荡，向称"水柜"，经历代围垦和利用，湖面缩小。

尚兆山家住赤山湖附近，光绪七年（1881年），左宗棠任两江总督。光绪八年（1882年），上元、江宁、句容三县奏请时任两江总督左宗棠兴修水利，左宗棠随即上书，向光绪皇帝呈《兴办水利折》，请求调拨军队浚湖通淮、兴利除害。为寻求最佳治湖方案，他一面详察水势湖情，一面走访当地群众，并邀请尚兆山担任治湖顾问。同年十月，左宗棠派拨官兵五千,并雇用民夫数万,于湖内道士堤至陈家边开挖新河,并于陈家边处建陈家闸、桥各一座,上承山水,下接秦淮。新河长22里,陈家闸长7.6丈。这项工程使山洪暴发时水各有路,大大减轻了秦淮河的压力。疏浚工程还未过半,左宗棠也调任福建。左宗棠的继任者把疏浚赤山湖的民工全部遣散了。尚兆山的一腔热血化为泡影,自此一病不起。尚兆山担任治湖顾问期间,查阅了大量典籍,辅以实地考证,旁征博引,撰写了一部六卷的《赤山湖源委札记》。民国三年(1914年),《赤山湖源委札记》在上元蒋氏慎修书屋刻印。同年,好友翁长森将该本收录于《金陵丛书》丙集,并更名为《赤山湖志》。《赤山湖志跋》称"先生痛之,乃为是志,以详其原委端末"。

《赤山湖志》卷首为《自序》。卷一为《赤山湖全图》并《图说》。卷二为《赤山湖、石臼湖、太湖古今通汇源委总图》《赤山湖全图》《赤山全图》《山水全势图》《江宁省城内水道图》《石臼、丹阳二湖全图》《鼋龙庙图》《句容、上元长龙沟图》《上元上坝河图》《仑山、高丽山水道东流图》《溧水山水全图》《秦淮各乡图》《上元、江宁二县乡名图》。卷三为《赤山湖源委图说》,详细介绍了赤山湖周边的河湖水系。卷四为《文》,收录了唐代樊珣的《绛岩湖记》,宋代《乾道建康志·秦淮说》《景定建康志·绛岩湖条》《景定志·破冈渎事迹》,游冠卿《句容南桥记》,《景定建康志·丹阳辨》《景定建康志·溧水考》,李白《濑女碑》《景定志·秦淮事迹》,韩无咎《永丰行》,杨万里《圩丁诗》《圩丁词》,大中祥符二年《禁山敕》,明南京工部尚书丁宾《题准开浚河道疏略》,韩邦宪《广通坝考》,句容县令茅一桂《咨

访水利议》《建黄堰闸示后议》,杨时乔《重建东新闸记》等。卷五为《祈年谱》,辑录了上自《竹书纪年》记载的"周孝王十三年大电",下至光绪二年(1876年)赤山湖周边的水旱灾害。卷六为《兴作录》,收录了光绪八年(1882年)八月《禀奉谕勘湖开河稿》、九月《禀河工及新兵营开工日期稿》、十一月《禀续勘湖工稿》、十一月《议办陈家闸详咨稿》、十二月《咨复开浚句容旧河俟此次湖工竣再行勘议稿》、十二月《遵批核议壅与三等禀详复稿》。书末为蒋国榜所作《赤山湖志跋》。

《赤山湖志》从赤山最初得名、历代水利建设、水系源头的考证,到赤山古代寺院遗迹、桥梁、道路、人文景观都做了详细介绍,比较系统地概括了赤山湖历史,是研究句容方志的重要文献,也是句容文人进行文学创作经常引用的宝贵资料。

《赤山湖志》有民国三年(1914年)上元蒋氏慎修书屋《金陵丛书》铅印本。2006年广陵书社出版《中国水利志丛刊》、2019年广陵书社出版《镇江文库》均收录该书影印本。

二、长江流域

6 民国 夏仁虎 《秦淮志》

平心以处，亦惟以挑浚内河为第一要义。自东关起，至西关止，先将秦淮河正河宽处，视河身之广狭以定则。再将青溪、运渎诸河一并浚之，水由地中行，横决之患，庶可免乎。

——《秦淮志》

《秦淮志》，民国夏仁虎撰。夏仁虎（1874—1963），南京（今江苏南京）人，字蔚如，号啸庵、枝巢、枝翁、枝巢子、枝巢盲叟等。他有兄弟五人，即夏仁溥、夏仁澍、夏仁析、夏仁虎、夏仁师，夏仁虎排行老四，乡人称其为"夏四先生"，与章士钊、叶恭绰、朱启钤并称为民国北平"四大老人"。清光绪戊戌年（1898年），夏仁虎以拔贡身份参加殿试朝考，由于殿试成绩优秀，遂入仕留京，任记名御史。此后，他游历宦海三十年，官至北洋政府国务院秘书长。北伐后，他弃官归隐；日据时期拒绝伪政权入阁之邀，专事著述与讲学；中华人民共和国成立后，夏仁虎被聘为中央文史研究馆第一批馆员。

秦淮是南京的别称，因秦始皇"凿方山，断长垄，以泄金陵王气"而得名。《秦淮志》共十二卷，以秦淮河为叙述主体。第一卷为《流域志》，写秦淮河水系，并且大量引用《至正金陵新志》《江宁府志》《金陵待征录》等史料，详述了南京水利的治理。例如，《江宁府志》中写道："上元、江宁、溧水是赖圩田，农民居处多在圩中。每遇水至，并力守圩，辛苦狼狈于淤泥之中，如遇大寇。幸而雨不连降，风不浪涌，可以苟全一岁之计。若坏决，则水注圩中，平陆良田顷刻变为江湖。哭声满路，国赋民食两皆失之，是皆水不安流之故也。"第二卷为《汇通志》，详细列举了秦淮河支流水系的湖、圩、洲、渡、浦、溪、渎、壕水、运河水，以及水关等33处。第三卷为《津梁志》，详细介绍了城内、城外的桥梁，城内分别介绍了正河、运渎、杨吴城壕、青溪、南唐宫壕、小运河。第四卷为《名迹志》，按时间顺序对古寺、园亭等42处名胜进行了介绍，不仅注明位置，还讲述了相关的历史故事。第五卷为《人物志》，介绍了作者自身所见的当代名流，如梅曾亮、金伟军、陈作霖、薛时雨、仇继恒等，故所写不尽属于传闻，而且其所写内容又与秦淮河的水利直接相关。第六卷为《宅第志》，写王导宅、顾恺之宅、汤和宅，"皆确指街巷，有亲见者，有闻诸父老者"，结尾处还介绍了秦淮特有的7处河厅、河房。第七卷为《园林志》，有乐游苑、息园、市隐园、快园、随园、芥子园、五松园、韬园等，今皆不存。第八卷为《坊市志》，写夫子庙三坊、贡院诸坊、古桃叶渡、古长乐渡、南市楼、灯市、茶酒肆、桥棚等掌故、旧闻。第九卷为《游船志》，记秦淮河各种游船，如秦淮灯船、伙食船、佛事船、卖唱船、小卖船、围棋船、私烟船等。第十卷为《女闾志》，写秦淮妓家旧事。第十一卷为《题咏志》，选取"断自近世"的"邦人所作"，包括周亮工、孙星衍等人的秦淮题咏。第十二卷为《余闻志》，辑录了奇闻逸事，还将记载秦淮事迹的书目记录下来，以"贡我邦人"，如"宋属青溪，明属市隐园，《吕志》属快园"。

《秦淮志》是第一部关于秦淮河的山水志。全书以引用史料为主，正文还配备了按语。1948年，《秦淮志》刊登在《南京文献》第二十四号，全书仅6万余字，引用典籍却多达73种。该书"侧重水利，乃其本旨""乃参稽图志，辨析枝源，著其宣潴之利害"，具有较高的史学和文学价值。

2006年南京出版社出版《南京稀见文献丛刊》收录了该书的整理本。

三、淮河流域

1　明代　胡应恩　《淮南水利考》

《志》称平江伯陈公总漕于淮二十七年，多招四方名士数十辈，考图书、按形势，开今运河、筑堤堰、修闸坝，为国家千万年之利，乃知平江之功德，由考道而用中也。

——《淮南水利考·序》

《淮南水利考》，明代胡应恩撰。胡应恩，南直隶淮安府沭阳县（今江苏省宿迁市沭阳县）人，号西畹，生卒年不详。嘉靖时贡生，官至合浦知县，敕授文林郎，抗葡英雄胡琏之孙。胡琏一门三进士、两举人。长子胡效才，正德丙子（1516年）科举人，丁丑（1517年）科进士，授河南道御史，擢真定府知府；次子胡效忠，正德乙卯（1519年）科举人，授顺天府治中，擢京府通判；三子胡效谟，荫袭云南澂江府知府，效谟勤于政事，精通水利，著有《复闸旧制》，为时人推重，胡渭、顾炎武等人著作中多次引用其文。效才之子胡应征，嘉靖丁未（1547年）科举人；效忠之子胡应嘉，嘉靖壬子（1552年）科举人，丙辰（1556年）科进士；胡应恩为胡效谟之子。明代文学家吴承恩的夫人牛氏是胡琏儿媳妇牛夫人的妹妹；胡琏也是吴承恩的老师，吴承恩在为胡琏儿媳妇牛夫人七十寿辰写的《寿胡母牛老夫人七秩障词》中有一首"百字令"，盛赞了胡家门庭的高峻："长淮南北，试问取，谁是名家居一？我舅津翁，人都道，当代檐廊柱石。"盛赞胡琏一门为"长淮名门第一"。胡效谟、胡应恩父子专攻水利方面的学问。胡应恩对淮水潮汐及海口淤塞的情况非常熟悉。

《淮南水利考》共二卷，该书广泛收集明代万历五年以前历代史志中关于淮南水利问题的论述，编年而排。该书记述明代平江伯陈瑄开运河、筑堤堰、修闸坝等事尤为详备，是研究明代及之前淮安、扬州一带水利史不可多得之书。书原缺著者姓名，据近代人温岭叶遇春考证："《水利考》二卷，作者自隐其名，序文阙页，无他本可订，丁氏得此已不能订。细阅之，知系胡应恩所纂。时吾乡王敬所先生以都御史总漕运，大修水利，淮缙绅若二周（原注：于德、表）、二胡（原注：效谟、应恩）皆与其事。应恩曾官合浦，此书间有与王公奏议相出入者，知其为莲池上宾也。"

《淮南水利考》上卷记述自《禹贡》起至南宋绍兴十四年（1144年）间的淮南（江苏淮河以南淮安、扬州）水利情况。书中引用了大量历史文献，如《尚书》中的《禹贡》《益稷》《舜典》，《左传》《孟子》《史记》《水经注》《汉书》《三国志》《齐书》《宋史》《漕运志》《唐文集》《治河通考》《一统志》《维扬志》等史书典籍，以及明朝陈瑄等有关治理淮南水利的历史记载。

下卷记述南宋嘉定八年（1215年）至明万历五年（1577年）淮南的水利状况，引用了《嘉定山阳志》《漕船志》《治河录》《宋史》，以及丁士美《重修高加堰记》、胡效谟《请复闸旧制书》、王宗沐《淮郡二堤记》，其中详细介绍了明代陈瑄治理淮南水利，以及淮南运河沿线堤、堰、闸、坝、涵洞、浅铺等设置情形。

明初，定都南京，四方漕粮运输到京城比较方便，也就是书中所说的"洪武初元，江南漕运止供金陵"。到了"永乐元年，运道由江至淮安，车盘过坝，入淮至阳武县，陆运抵卫辉，下卫河至京师，谓之河运"。显然，水陆转运实在不方便，于是在永乐九年（1411年），明成祖朱棣命令工部尚书宋礼治理会通河，永乐十三年（1415年），漕运总兵官"平江伯陈瑄疏邗沟，引舟自大江历扬州至淮安,以通漕运。询山阳耆民得宋转运使乔维岳所开沙河之故道,引水自管家湖之马家嘴至鸭陈口入沙河,易名清江浦,就湖筑堤,以便牵挽,仿宋洪泽闸制,创新庄、福兴、清江、移风闸,递互启闭,而运舟往来具在安流,为国家漕运千万年之计",十四年(1416年),"建板闸,并前四闸为五闸"。于是"五闸建而启闭严,为运道二百余年之大利也"。

《淮南水利考》有南京图书馆藏明刻本。上海古籍出版社出版的《续修四库全书》中收录该书影印本,北京图书馆有天尺楼抄本,但前者不够清晰,后者多错字。顾炎武《天下郡国利病书·江南十四》也抄录了该书大半。2015年中国水利水电出版社《中国水利史典·淮河卷一》收录郑朝纲的天尺楼抄本整理点校本。

三、淮河流域

2 明代 陈应芳 《敬止集》

虽今昔异宜,形势递变,核以水道。与所图已不相符。然其书议论详明,以是地之人言是地之利病,终愈于临时相度,随事揣摩。因其异同以推求沿革之故,于疏浚筑防亦未为无补矣。

——《四库全书总目提要》

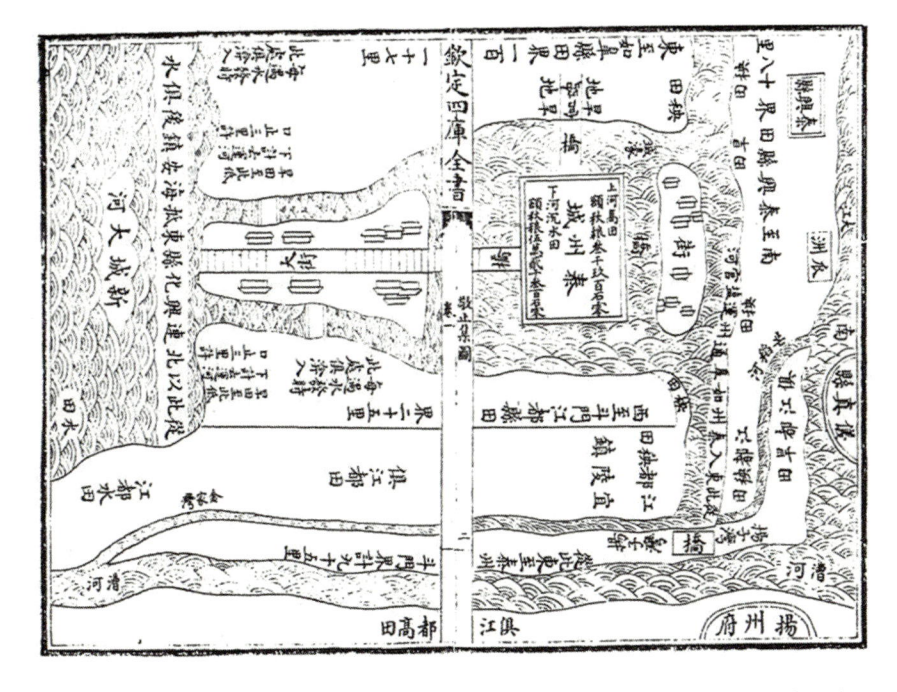

《敬止集》,明代陈应芳撰。陈应芳(1534—1601),字世龙,一字元振,号兰台,南直隶泰州卫(今江苏泰州市)人。万历二年(1574年)进士。陈应芳先后出任金华县和龙泉县的县令,浙江提学佥事、八闽布政司参议、河南按察司副使、太仆少卿等职。陈应芳年高归乡。

泰州地处里下河地区,此处地势极为低平,呈现四周高、中间低的形态,

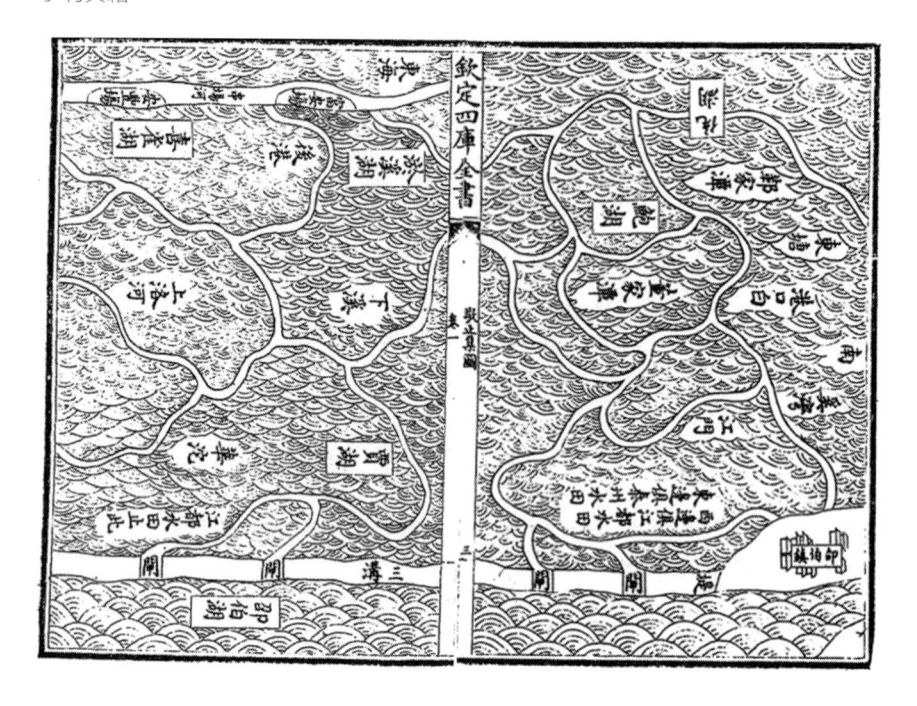

状如锅底，黄河夺淮入海之后，里下河地区从此成了灾害频发的地区。人民经常蒙受巨大灾难。《刻敬止集序》中说，陈应芳"家泰州，濒河、海，每岁横溢，漕挽商舶之行弗利也，当事者议筑堤以防之。夫役财之费，经理至悉矣，元振犹为地方虑也，于是条列数千言上之于朝，大意谓工不欲缩，缩必暗派；财不欲省，省必空役；协济不欲偏，偏必独累，三者均为地方患，请加酌议"。于是他在《敬止集自引》中说道："余也生于其乡，适丁其穷，不得已，披腹心，抒肝胆，为百姓请命，绘之图以昭晰其委，著之论以曲畅其说，灾木而代父老一言，冀当路有所考焉。"陈应芳著书多种，但只有《敬止集》留传于世，书名取《诗经》"维桑与梓，必恭敬止"，可见其对家乡之热爱。

《敬止集》共四卷，卷首有万历乙未（1595年）四月丰城徐即登撰《刻敬止集序》，万历丙申（1596年）四月陈应芳书于陪京公署的《敬止集自引》。

卷一为《图说》和《论说》，"图"收录了《泰州上河一》《泰州下河二》《泰州下河三》《高兴下河四》《兴化下河五》《宝应下河六》《盐城下河七》，共七幅图；"论"收录了《论漕河建置》《论地方形势》《论五方城治》《论广陵田赋》《论田赋分数》《论勘灾异同》《论水患疏数》《论减水堤闸》《论射阳诸湖》《论盐场海口》《论高堰利害》《论正改漕兑》《论农政专官》，附《泰州利病》。

卷二为《奏疏》《公移》《序》《碑》《传》，其中《奏疏》收录了《议湖工疏》，《公移》收录了《凤阳粮申文》《均摊钱粮申文》，《序》收录了《送州大夫见吾谭公迁佐南宁序》，《碑》收录了《海陵修浚丁溪场龙开港碑》，《传》收录了《海陵遗爱传》。

卷三为《尺牍》，收录了《答陈如冈掌科问湖工募夫议》《答冯仁轩掌科湖工用石议》《拟疏大略》《复王云泽翁抚台题疏揭书》《复海道舒锡涯》《与州守李复斋》《与李吉师》《与谭见吾州守》《谢王见河太守》《与钟顺斋南掌科》《与胥颐川兵宪》《与王麟泉操江》《与王盐法文轩》《与凌海楼》《与张海道》《与游州守》《与张念碧海道》《与李顺庵州守》《与欧宜诸大尹》《与游振岩州守》等多篇往来书牍，附《通学告兑粮呈》《概school告永折呈》《书两呈词后》三篇。

卷四为《书》，收录了《士夫公上院道书》《复褚爱翁抚台》《与刘彬庵州守》《与郭一阳太守》《简蒋元轩代巡》《与曲带溪海道》《再与刘彬庵州守》《再与郭一阳太守》《上杨后翁总河》《上褚爱翁抚台》《与勘河张洛源掌科》《与杨华端盐法》《简陈楚石操台》《简段毅庵巡江》《简黄同春屯马》《简马步庭仓院》《与陈耐庵侍御》《再与蒋元轩代巡》《与刘豫川郡丞》《与徐跃玉司李》《与翁周野

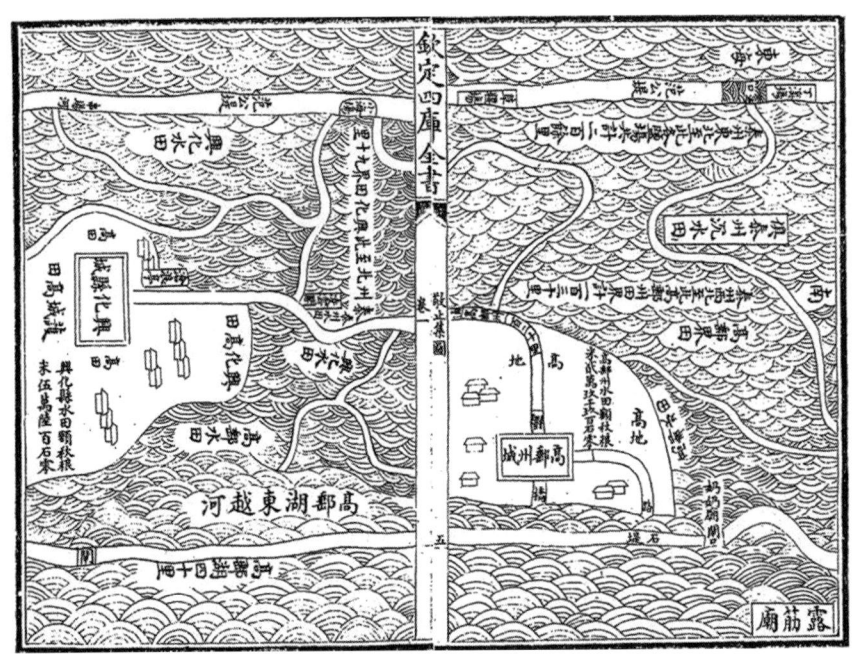

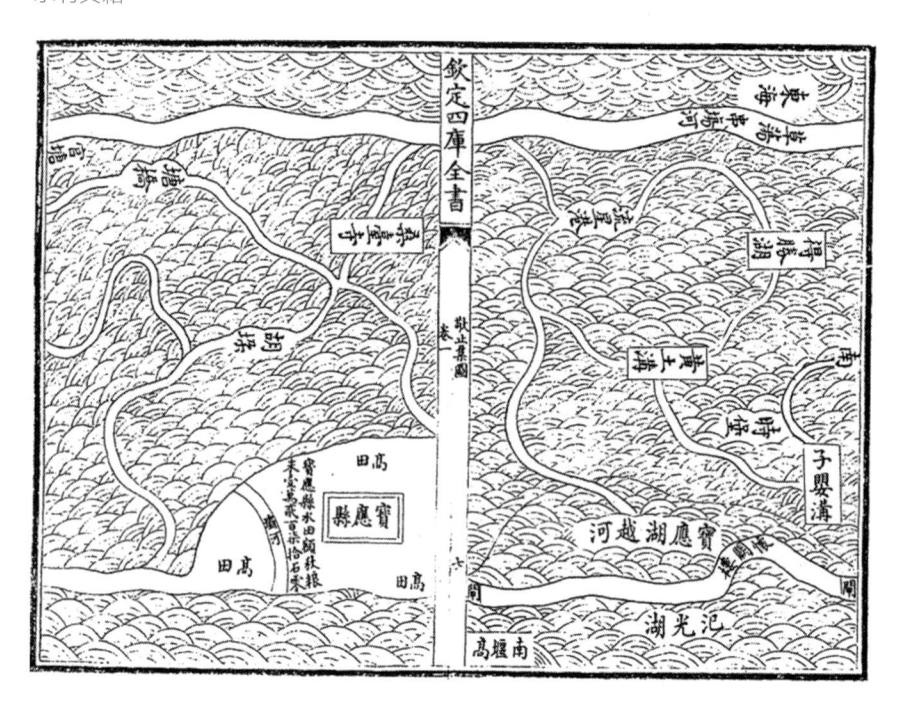

大尹》《报里中士大夫》《报里中上舍及通学诸文》《报里中诸父老》《再与郭一阳太守》《通学告兑粮呈》《概州告永折呈》《书两呈词后》。

《敬止集》有明代万历刻本，清代编纂《四库全书》时被收入其中。1919年韩国钧编撰《海陵丛刻》收录了该书。

3 明代 张兆元 《淮阴实纪》

议者又谓，泗陵水淹，咎在高堰。遂上疏极言堰之为害，欲尽撤高堰而后可。殊不知高堰一去，淮水南注，峻若建瓴，山阳、高、宝以尽为池沼。且淮水大泄，力不能控黄，万一黄蹑其后，与之俱南。不惟运道既伤，而祖陵合襟，王气亦从此大损矣。

——《两河指掌》

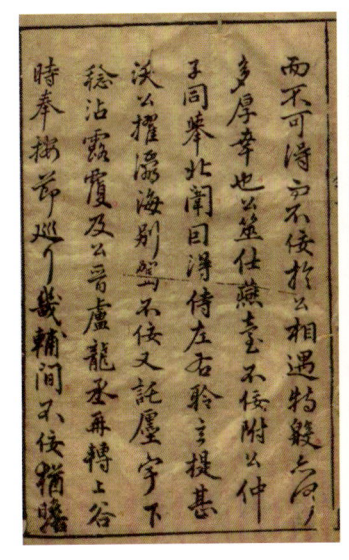

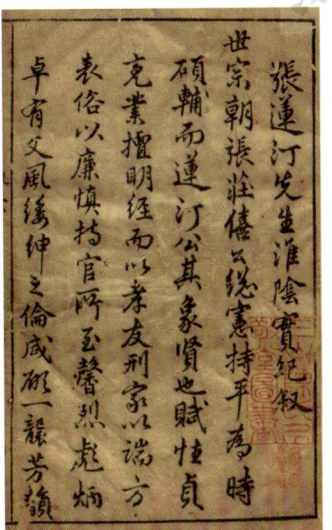

《淮阴实纪》，明代张兆元撰。张兆元，字子宿，号莲汀，浙江乌程县（今浙江省湖州市吴兴区）人。左都御史张永明之子，曾任淮安府同知。

张兆元书中所说的淮阴，此时已经不是秦灭六国所置的古淮阴县，而是代指处于淮河南岸（水南为阴）的淮安府。明代的淮安府地处京杭运河与淮河、黄河的交汇处，是漕运必经之地。黄河自夺淮入海之后，上游的泥沙日渐向下游淤积，淮河入海受阻，运河经常受影响，漕运因而受阻。张兆元任淮安同知时，正逢运河堵塞,于是便疏通出口,使漕船顺利进入运河,为此被加服俸四品。《淮阴实纪》即为张兆元所上条议与公牍。

《淮阴实纪》原书不分卷。卷首有万历庚子年(万历二十八年,1600年)李应魁《张莲汀先生淮阴实纪叙》。正文依次为《分黄导淮议》《两河指掌》《济运始末》《条陈河工善后议》《分黄导淮大工告成保荐升级疏内摘录》《黄堌口归仁堤考》《条陈备倭五事》《设巡河哨船议》《条陈淮阴水利议》《总河部院更置府佐官员疏》《吏部复前疏》《督浚海口、加四品服俸、工部郎中樊为乞念劳臣被黜,特赐叙录,以服人心,以彰公道事》。其中,《分黄导淮议》《两河指掌》《济运始末》较为重要。《分黄导淮议》以"汉、唐若宋都,秦都汴,岁漕粟不过数十万、三十万、二十万石而已,我国家定鼎北平,非四百万石无以恃命,非浮江绝淮,挽河越济,无以通达京师",即明代漕运需要每年由运河运输四百万石漕粮的客观需求为开头,指出明代既要保障运河的漕运畅通,又要保护洪泽湖畔"泗盱祖陵王气,屹然中峙,诚圣子神孙亿万年钟祥孕秀之地"不被洪水所威胁,因而产生分黄与导淮之争的历史由来与经过。进而提出淮河洪水积蓄于洪泽湖中,如果仅由清口与黄河一同入海,必然上流壅塞、下流溃决,不如多开通道的观点。至于高家堰,不能因为该堰拦截了淮河之水,威胁到上游的泗州祖陵就要拆去,而是要看到高家堰对下游地区的重大作用。《两河指掌》从黄淮两河交汇于清口的客观形势出发,指出"为今之计,惟在修复平江之故业,而随时斟酌之可也",对于黄、淮洪水,"自兴、盐迤东,择其便利之所,如白涂河、石礶口、廖家港等处,条为数河,分门出海。然后从下流而上,将高邮北界开清水沟,宝应南界开子婴沟,山阳东北开泾河口,浚其壅淤,辟其窄隘,使河深广,中有所受,下有所泄,而余水易达于海,则兴、盐、泰之水有所归宿,而高、宝之水次第东行矣"。对于因为保护明祖陵而拆高家堰的做法提出:"议者又谓,泗陵水淹,咎在高堰。遂上疏极言堰之为害,欲尽撤高堰而后可。殊不知高堰一去,淮水南注,峻若建瓴,山阳、高、宝以下尽为池沼。且淮水大泄,力不能控黄,万一黄蹑其后,与之俱南。不惟运道既伤,而祖陵合襟,王气亦从此大损矣。"《济运始末》记载了万历丁酉年(万历二十五年,1597年),"当粮运盛行之期,漕河干涸,自桃、宿而上至镇口,黄几断流,三尺童子可摄衣而渡,粮船胶涩不前",提出"辟小浮桥""筑义安口""甫五日,水势日渐东趋。再五日,水增三尺。再四日,义安口合,河水顿高丈许,尽从小浮桥冲入运河""四百万漕粮尽入镇口"的措施。

《淮阴实纪续》二卷，收录奏折两道：一为万历三十三年八月二十五日工科署科事右给事中宋上奏《漕渠顿干，万分可虑，恳乞圣明严核误河根因，并敕新任总河早决挽河之策，亟保运道事》；二为万历三十三年十二月初九日工部上奏《河工关系至重，敬陈末议以备采择事》。

《淮阴实纪》有万历年间刻本。2020年中国水利水电出版社出版的《中国水利史典（二期）·淮河卷二》收录鲁华峰的整理点校本。

4　清代　《北湖小志》《北湖续志》《北湖续志补遗》

> 夫以北湖周回百里中，水地、古迹、忠孝、节义、文学，武事悉载于是，是地出灵秀，特藉孝廉之笔以传斯地之事也。
>
> ——阮元《北湖小志·序》

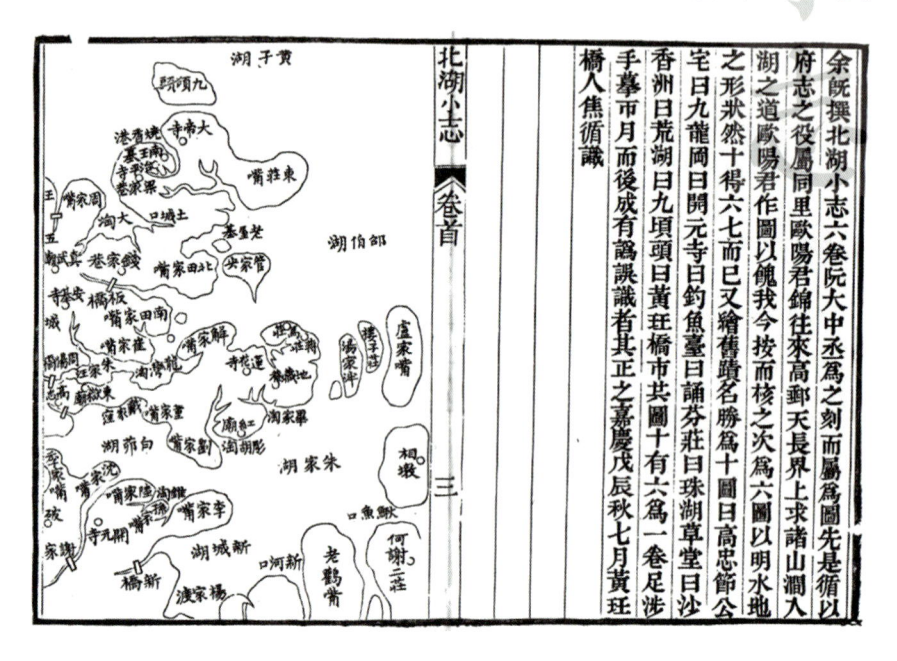

《北湖小志》《北湖续志》《北湖续志补遗》，是记载扬州历史上的北湖最为重要的三部著作。其中，《北湖小志》，清焦循著；《北湖续志》与《北湖续志补遗》，清阮先辑。

北湖位于今扬州市邗江区北部和江都区之间。历史上，扬州城北有黄子湖、赤岸湖、朱家湖、白茆湖、新城湖、邵伯湖，众湖互相连通，汇为一体，合称北湖，绵亘百余里。自明代中叶至清代北湖一带人物辈出，此间古迹名胜吸引文人骚客吟咏其间，一时人文荟萃。《北湖小志》《北湖续志》《北湖续志补遗》就是北湖在这一时期最好的写照。

焦循（1763—1820），字理堂，又字里堂，清哲学家、数学家、戏曲理论家，扬州府甘泉县（今扬州市邗江区方巷镇）人。嘉庆六年（1801年）举人，应礼部试不第，托足疾不入城市者十余年。构一楼名"雕菰楼"，读书著述其中。焦循博闻强记，于经史、历算、声韵、训诂之学都有研究，有《里堂学算记》《易章句》《易通释》《孟子正义》等。

阮先（1814—1893年），字慎斋，又字慎言。清仪征县（今江苏仪征）人，居扬州北湖，阮元堂弟，曾以国学生应顺天乡试，特赏六品衔詹事府主簿。道光十八年（1838年），阮元七十五岁时，退里归田后嘱其堂弟阮先续修北湖志，共用了五年，著成《扬州北湖续志》。

《北湖小志》共六卷，卷首有阮元序、目录以及北湖水地形状图六幅和旧迹名胜图十幅。卷一叙水、地、农、渔、旧俗等五类。卷二记开元寺、奋芳社、梓潼祠、诵芬庄、锥坝、黄珏桥东岳庙、傲姑寺、沙香洲、珠湖草堂、六湖等名胜古迹。卷三、卷四为人物传记。其中，卷三收录了王纳谏、高邦佐、梁于涘、王玉藻、陈昇、徐宗麟、李潜昭、范荃、孙兰、徐石麒、吴绮、吴寅等人传记；卷四收录了阮玉堂、文命时、施原、毕锐、赵嗣夔、郭天奎、谢承贵、常用中、周维藩、张柯、王仲騋、王祖修、郭嗣龄、谢九成、陈俨、李裕滋、常鸿仪、吴椿年等人传记，与孝子房永兴、郭痴、眭四，以及烈妇等。卷五为人瑞、天时、物异、金石、诗话、轶闻、鬼神、疑义等八项。卷六为焦氏家述，共四十七篇。

《北湖续志》共六卷。卷首有道光二十七年（1847年）阮元《序》。卷一记《山川》《疆里》《水利》。其中，《山川》中的"山"记载了甘泉山、盘古山、马鞍山、得胜山、席帽山、九龙山以及夹冈、蜀冈、独冈、浮城冈、庙冈与凤凰林、老虎墩；"川"则有雷塘、小新塘、勾陈塘、鸳鸯塘、槐家河、淮子河、鳅鱼口、人字河、邵伯月河、凤凰桥引河，以及邵伯湖、黄子湖、赤岸湖、新城湖、白茆湖、朱家湖、荒湖、野牛湾、凉月湾，以及黄钰桥、公道桥、宋家桥、老坝桥等。《疆里》介绍了"北湖周回百余里"之间的水名、地名。《水利》则辑录了府志、县志所载北湖一带的河渠水利。卷二记《祠祀》《冢墓》，记载了龙王庙、东岳庙、甘泉寺、开元寺、关帝庙、莲花寺、北方寺、梅影庵、治平寺、傲姑寺、大帝寺、安基寺、露筋祠等，以及明代南京礼部尚书王軏、明山西右布政使阎士选、明刑部主政阎汝梅等人墓。卷三记《形胜》，记载了阮公楼、万柳堂、珠湖草堂、三十二西湖、望湖草堂、西岑草堂、云庄、担风握月之轩、湖山书屋、芳园等。卷四记《人瑞》《人物》《选举》《孝友》《节孝》等人物事迹。卷五记《岁时》《风俗》《金石》《经籍》《物产》等。卷六为《艺文》与《杂录》。卷末为阮先所作跋。

《北湖续志补遗》共二卷。据卷末王开益《跋》，道光二十九年（1849年），阮元去世，阮先抄录钦赐碑文、祭文，并搜集《续志》所未涉及的北湖资料，辑成此志。卷首为《恩纶》，收录了道光三十年（1850年）《御制晋加太傅衔致仕大学士阮元吉文》与《御制晋加太傅衔致仕大学士阮元碑文》。卷一为《水利》《桥梁》《疆里》《祠祀》《冢墓》《形胜》《人物》《选举》《节孝》等，对《北湖续志》所收内容进行了补充。卷二为《艺文》《杂录》，记录了北湖相关的诗文以及吴蘭次、赵南屏、史文靖、郭南江等人轶事。

《北湖小志》有清抄本，清嘉庆十三年（1808年）扬州阮氏刻本，嘉庆、道光间江都焦氏雕菰楼刊《焦氏遗书》本，光绪二年（1876年）衡阳魏氏刊《焦氏遗书》本。《北湖续志》有清道光二十七年（1847年）扬州阮氏刻本，光绪二年（1876年）重印本，民国二十三年（1934年）陈恒和书林《扬州丛刻》本。《北湖续志补遗》有咸丰十年（1860年）扬州阮氏刻本。2017年，广陵书社出版《扬州地方文献丛刊》收录了孙叶峰整理的《北湖小志》《北湖续志》《北湖续志补遗》合刊本。

三、淮河流域

5 清代 刘台斗 《下河水利集说》

下河兴、盐一带地处洼下，形如釜底，平日原系湖荡，止能积水，不能通流。虽开河，节节相通，而去路地势相平，或仍有仰盂倒漾之势，一遇异涨之水，往往淹漫各邑，非河流之不顺，实因海口较内地反高，由釜底以达釜边，盈科后进，安得不漫溢四出，淹及民田哉！

——《下河水利集说·建堤束水按语》

《下河水利集说》，清刘台斗辑。刘台斗，字建临，扬州府宝应县（今宝应）人，清代学者刘台拱弟，少而敏悟，乾隆五十一年（1786年）举人，嘉庆四年（1799年）进士，官工部营缮司主事。刘台斗经学传于其兄，尤究心于水利，凡治河得失、漕输利弊，无不洞悉源流。其进士及第后，持服家居，讲求尤确。铁保、南河总督徐端上奏，将其留在江南河道，协塞减坝，奉旨以同知用。"会黄河溢入射阳湖，众议有欲因势改建新河，由射阳入海者，台斗作议驳之，乃弗果行。"嘉庆十二年（1807年），刘台斗署江西吴城同知，在任二年，善政最著，后补瑞州铜彭营同知,以病乞归。嘉庆十八年(1813年),补原官,奉檄总运事,以劳顿卒。刘台斗未第时,即勇于为义,浚宋经河,以溉民田,治城北刘潭筑堤,以捍水患。

《下河水利集说》共两卷,记录了刘台斗汇集的有关下河水利的论述。上卷收录了《建堤束水》《疏通海口》《运河东堤最要闸座》《湖荡去路最要河道》《范堤出水最捷闸座》,下卷收录了《分泄入江》《宣泄异涨》《湖河递减》诸篇,提出"治河先治淮"的观点。其中,上卷《建堤束水》辑录了宋陈损之、康熙、靳辅、范时绎、许容等人关于筑堤束水的言论。因为"下河兴、盐一带地处洼下,形如釜底,平日原系湖荡,止能积水,不能通流。虽开河,节节相通,而去路地势相平,或仍有仰盂倒漾之势,一遇异涨之水,往往淹漫各邑,非河流之不顺,实因海口较内地反高",于是"自宋陈损之有议,至我朝圣祖指授方略,以及靳文襄以后诸臣筑堤各议,皆以筑堤为主,即以挑河之土坚筑两岸之堤,俾堤成而河亦成,不独五坝泄出之水有所收束,不至泛溢四出,且内堤之水增之使高,则地势视海口虽洼,而水势较海口实平,转可乘潮退之时遂其向,若归虚之性"。《疏通海口》辑录了明珠、伊桑阿、李春、高斌等人关于疏浚海口的建议。文中提出"试自兴、盐以东择其便利之所如白涂河、石礓口、廖家港等处,条为数河,分门出海,然后从下流而上,将高邮北界开清水潭,宝应南界开子婴沟,山阳东北开泾河口,浚其壅淤,辟其窄隘,使河渠深广,中有所受,下有所泄,而余水易达于海,则兴、盐、泰之水有所归宿,而高、宝之水次第东行矣"的观点。

《运河东堤最要闸座》辑录了朱之锡《请复高宝闸座疏》,王永吉《泾河闸议》,那、高、许《会勘疏浚淮扬河道建设闸座派委大员请拨银两议疏》,许容《请疏挑淮扬河道建置闸座疏》,提出"惟于各闸泄水最捷之引河,疏浚深阔,如山阳之涧河、泾河,宝应之黄浦、子婴,邵伯之湾头闸下诸河,入海、入江最为捷径,司事者尤当加意云"的观点。《湖荡去路最要河道》辑录了凌云翼《归江入海河道疏》,黄垣《盐城水利志叙》,提出"昔人于湖荡下流开通河道,坚筑堤防,使湖荡之水仍由河渠出海,不至中停,诚为善策。以今视昔,虽时有变更,然顺其就下之性则一也"的观点。《范堤出水最捷闸座》辑录了乾隆三年(1738年)许容《请疏挑淮扬河道建置闸座疏》,乾隆九年(1744年)果毅公讷敬《筹盐、运、串场、洪泽河湖蓄泄机宜》,陈宏谋《筹办下河水利疏》,指出"前卷既列范堤各闸,仍取昔人各议,凡泄水最捷之处,令行著明,使后之治下河者究厥指归焉"。

下卷《分泄入江》,辑录了明神宗八年(1580年)潘季驯的疏,顺治十六年(1659年)朱之锡《请修运河闸座疏》,乾隆八年(1743年)《会筹上下两江河湖部议》,刘统勋《遵查运河归江之路酌议建坝挑河》,高晋、陈宏谟《勘议金湾坝下开挑引河等工》,高晋、李宏《普筹定通泰运盐河筑坝启闭事宜》,高晋《查勘归江尾闾各河分别挑浚》,高晋《勘议孔家涵应行建设石闸缘由覆奏》,高晋《挑深金湾河并接筑土堤等工疏》,尹继善、白钟山、嵇璜、高晋等《筹办江都芒稻闸坝越河疏》,高斌《芒稻河各路闸坝疏》,嵇璜《请于金湾坝下开挑引河并改低三坝口面疏》。《宣泄异涨》辑录了《高邮士民治下流入海说》,顺治七年(1650年)王永吉《导淮入海疏》,张可立《海口说》,聂文魁《沿海闸河详议》,宫梦仁《疏理海口疏》,程国栋《盐城县志跋》,雍正五年(1727年)范时绎《勘挑扬州通属运盐河道水利奏议》,乾隆九年(1744年)果毅公讷敬《筹盐运、串场、洪泽河湖蓄泄机宜会议》。《湖河递减》辑录了乾隆二年(1737年)九月《淮、扬、徐属挑河寓赈于工部议》,白钟山《湖河宣泄事宜疏》,《敬筹运盐、串场、洪泽河湖蓄泄机宜会议》,果毅公讷敬《筹盐运、串场、洪泽河湖蓄泄机宜会议》,提出"诚使下河湖荡宣泄有路,则运河之水减入下河而腾出河身,高、宝、邵伯湖水减入运河,而腾出湖面,是下河当闭坝之日,当空腹以待洪泽上流之水,而层层递减,节次腾出。旱则涸为官屯,潦亦或留为余地,是于上、下河湖皆有裨益也"的观点。

《下河水利集说》有清抄本。2006年广陵书社出版《中国水利志丛刊》收录该书影印本。

6　清代　朱榠　《下河集要备考》

> 今就《治河方略》《江苏下河抄本》《行水金鉴》《河防志》，各州县志乘诸书，并《南河成案》所奉谕旨，暨各名臣奏议，于以见列圣之成谟，诸贤之襄赞，悉皆因时制宜，法良意美，用克水土平成，民生永赖也。谨按年集录，以备稽考。
>
> ——《下河集要备考》

《下河集要备考》，清朱榠辑。朱榠，字春夒，湖州府长兴县（今浙江省湖州市长兴县）人，嘉庆七年（1802 年）入赀授江南邳北通判，道光年间扬州府粮河通判，道光六年（1826 年）承挑下河，迁山盱同知，历署江南河库道、徐州知府，授淮安知府致仕归。其扩宗祠，辑家乘，增祭田等数十年不倦。

这里的下河指里下河地区，位于江苏省中部，北自苏北灌溉总渠，南抵新通扬运河，西起里运河（简称里河），东至串场河（俗称下河），总面积 1350 余平方公里，属江苏省沿海江滩湖洼平原的一部分，因为介于里运河、串场河之间,故称里下河。里下河地区因为地处江苏省长江与淮河之间最低洼的地区,是历史上水患较为频繁与剧烈的地区,明清时期成为运河沿线水患治理的重点地区之一。

《下河集要备考》共四册,主要收录了顺治九年(1652年)至嘉庆十九年(1814年)有关下河治理的上谕和奏疏,主要选自《治河方略》《江苏下河抄本》《行水金鉴》《河防志》,各州县志乘诸书,并《南河成案》等书。其中,第一册收录了顺治九年(1652年)至雍正十一年(1733年)之间的上谕,以及靳辅、汤斌、孙在丰、凯音布、王新命、桑格、张鹏翮、范时绎、高斌等人奏疏与工部议覆疏。第二册收录了乾隆元年(1736年)至乾隆十年(1745年)之间的上谕,以及赵宏恩、许容、那苏图、白钟山等人奏疏与工部议覆奏、大学士九卿会议奏等。第三册收录了乾隆十五年(1750年)至二十八年(1763年)之间的上谕,以及高斌、傅恒、白钟山、嵇璜、尹继善、高晋、刘统勋、庄有恭等人奏疏。第四册收录了乾隆三十一年(1766年)至嘉庆十九年(1814年)之间的上谕,以及李宏、高晋、裘曰修、铁保、戴均元、刘权之、百龄、松筠、初彭龄等人奏疏与工部议奏。书后有道光七年(1827年)六月署扬州府粮河通判朱楒的按语,详细介绍了清初至嘉庆十九年(1814年)淮扬一带河道治理的历程。

通过《下河集要备考》中收录的这些有关下河治理的上谕和大臣的奏疏,可以了解到当时治理里下河水利的不同思路和措施。

《下河集要备考》有清抄本。2006年广陵书社出版《中国水利志丛刊》收录该书影印本。

7 清代 《南河成案》《南河成案续编》《南河成案又续编》

乾隆元年六月初八日,奉上谕:史书详志河渠,经术兼明水利,诚以国计民生所关也。果使水道疏通,脉络流注,陂泽非沮洳之薮,堤防有蓄水之方,旱涝有备,而田庐无虞,其有裨于闾阎,诚非浅鲜。

——《南河成案·卷之上》

《南河成案》及其《续编》《又续编》,清江南河道总督署刊印。

江南河道总督,又称南河总督,是清代设在清江浦(今江苏省淮安市区)的高级治水官员。清初在山东济宁设河道总督。康熙十六年(1677年),靳辅出任总河,因总河署距黄、淮、运交汇处,即河工最重要处淮安路途遥远,往返不便,于是在清江浦原户部分司旧衙署设立行馆。雍正七年(1729年),正式分设江南河道总督(南河总督),整治并管理原江南省(清顺治初年设置,辖今江苏、上海、安徽两省一市全境)的黄、淮、运河,驻节清江浦;以及河南、山东河道总督(东河总督),驻济宁。次年又增设直隶河道总督(北河总督),

三、淮河流域

归直隶总督兼领。

黄河与淮河本是独流入海的河道，自宋代黄河夺淮之后，黄河、淮河、运河相会于江苏淮安。在元代开通南北大运河之后，尤其是到了明清两朝，京杭大运河成为王朝的经济命脉。明代为了利用淮河的清水冲刷黄河的泥沙，修筑了高加堰大堤，形成了洪泽湖。清初，洪泽湖大堤屡决，黄流倒灌，清口淤塞严重，运河浅涩，黄、淮会合处流态紊乱，漕船行船困难，一时间出现了不少治河的历史记载。清代河道治理有一条不成文的规定，就是治河官员根据治河档案等资料，分门别类编纂成书，以供后任参考使用。在这些著作中，《南河成案》可以作为代表。该书收录了大量治河原始记录和工程建设经验，对于了解和研究这一时期的黄河、淮河、运河的治理具有重要的参考价值。

《南河成案》及其《续编》是清代江南河道总督衙门编印的，治理黄、淮、运河为主的水利档案总汇编。此书为汇辑"南河"工程档案开了先例。《南河成案》56卷，共载谕旨、奏章954件。其中乾隆"上谕"2卷，收录了乾隆元年（1736年）至乾隆五十七年（1792年）上谕121道；奏折等件54卷，所收档案上起雍正四年（1726年），下迄乾隆五十六年（1791年）。卷一、卷二为雍正四年（1726年）至雍正十三年（1735年）的奏疏，卷三至卷五十四按时间顺序编排了乾隆元年（1736年）至乾隆五十六年（1791年）关于江南河

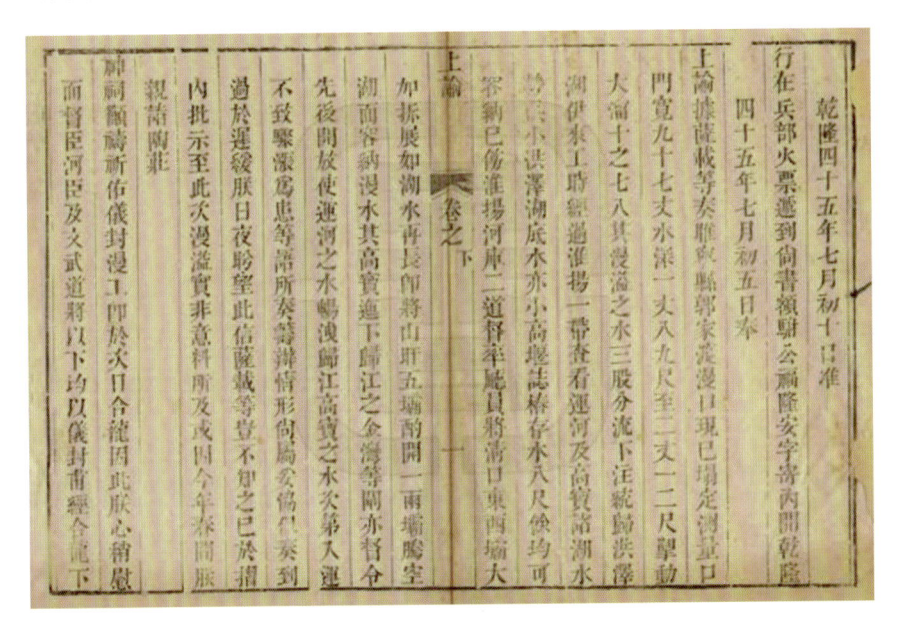

道的上谕、奏疏，以及工程详细情况的汇报。

在《南河成案》成书二十多年以后，江南河道总督署又编印了《南河成案续编》106卷，上起乾隆五十七年（1792年），下至嘉庆二十四年（1819年），汇辑了上谕、奏折等工程档案1491件。卷首为御制诗；卷一至卷五为乾隆五十七年（1792年）至乾隆六十年（1795年）的奏疏；卷六至卷一百零六按时间顺序编排了嘉庆元年（1796年）至嘉庆二十四年（1819年）关于江南河道的上谕、奏疏，以及工程详细情况的汇报。

《南河成案续编》成书十多年后，接《续编》印又一部《南河成案续编》，计38卷，上起嘉庆二十四年（1819年），下迄道光十三年（1833年），汇辑档案材料981件。卷一为嘉庆二十四年（1819年）的奏疏；卷二为嘉庆二十五年（1820年）的奏疏；卷三至卷三十八按时间顺序编排了道光元年（1821年）至道光十三年（1833年）关于江南河道的上谕、奏疏，以及工程详细情况的汇报。

《南河成案》及其《续编》《又续编》记载了大量治河原始记录和工程建设经验，对于了解这一时期的黄河、淮河、运河的治理有极其重要的参考价值。

《南河成案》及其《续编》《又续编》有清刻本。

8 清代 刘文淇 《扬州水道记》

　　春秋之时，江、淮不通，吴始城邗，沟通江、淮，此扬州运河之权舆也。于邗筑城穿沟，后世因名之曰"邗沟"，一曰"邗江"，而由江达淮，皆统谓之"邗沟"。唐、宋以前，扬州地势南高北下，且东西两岸未设堤防，与今运河形势迥不相同。若以今日之运河求当年沟通之故道，失之远矣。今博稽载籍，详加考证，凡有沿革，具著于篇。

——《扬州水道记》

　　《扬州水道记》，清刘文淇著。刘文淇（1789—1854），字孟瞻，仪征县（今江苏仪征）人，清代著名经学家。嘉庆己卯（1819年）优贡生，候选训导。著有《左传旧疏考正》及《左传旧注疏证》，阐发汉儒贾逵、服虔经说，考订《左传》杜预注及孔颖达疏的缺失，是仪征刘氏学的创始者，与刘宝楠齐名，有"扬州二刘"之称，同为清代扬州学的代表人物。刘文淇长期从事典籍校勘及方志

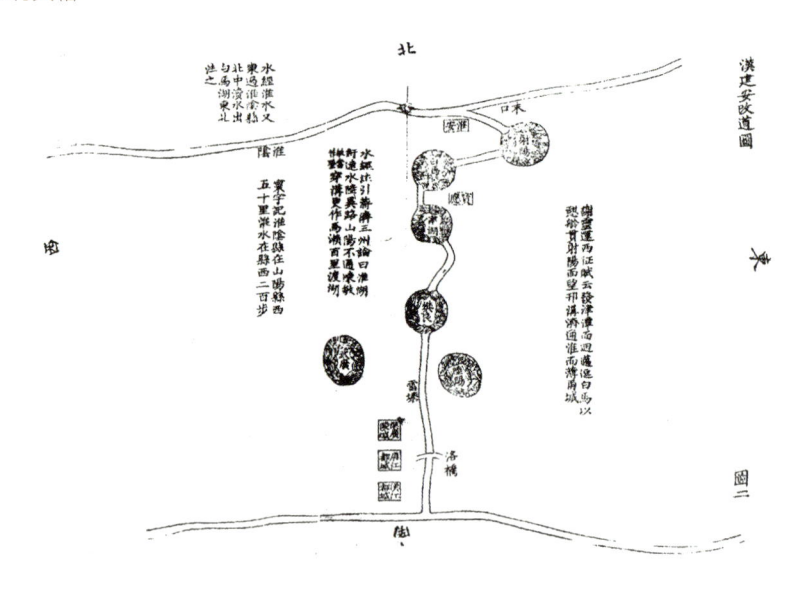

修纂工作，故在校雠学、方志学方面多所创述，颇受时人推重。

《扬州水道记》共四卷，卷首为《序》与《图》，其中《序》有黄承吉序、阮元序、方濬颐序；《图》有十幅，图一为《吴沟通江淮图》，图二为《汉建安改道图》，图三为《晋永和引江人欧阳埭图》，图四为《晋兴宁沿津湖东穿渠图》，图五为《隋开皇改道图》，图六为《唐开元开伊娄河图》，图七为《唐宝历开七里港河图》，图八为《宋湖东接筑长堤图》，图九为《明开康济弘济河图》，图十为《运河图》。

卷一、卷二为《江都运河》，卷一引用《左传》《方舆纪要》《水经注》《史记》《汉书》《后汉书》《太平寰宇记》《括地志》《通鉴地理通释》《元和郡县志》《新唐书》《元和志》等书中关于江都运河的史料，考证了春秋至唐代的江都运河的历史沿革、地理形势等；卷二引用了《宋史》《长编》《五代史》《方舆纪要》《九域志》《扬州府志》《江都县续志》《仪征县志》《梦溪笔谈》《方舆胜览》等书中关于江都运河的史料，考证了宋代至清道光年间的运河情形。

卷三为《高邮运河》，引用《水经注》《地理风俗记》《扬州府志》《元和郡县志》《太平寰宇记》《晋书》《通鉴》《文献通考》《嘉庆扬州志》《宋史》《明实录》《南河全考》等书中关于高邮运河的史料，考证了春秋至清代高邮运河的沿革与地理形势。

卷四为《宝应运河》，引用了《水经注》《旧唐书》《新唐书》《南齐书》《太

三、淮河流域

平寰宇记》《天下郡国利病书》《方舆纪要》《宝应图经》《通鉴地理通释》《宋书》《一统志》《通典》《明史》《北行日录》《万历宝应志》《治水筌蹄》《明会典》《行水金鉴》等书中关于宝应运河的史料，考证了西汉以前至清代的宝应运河的历史沿革、地理形势、治理方式等。

卷末为道光十八年（1838年）刘文淇《刊后序》与吴文镕《书》。《刊后序》介绍了《扬州水道记》写作缘由与书中所记载的具体内容的历史脉络。吴文镕《书》则对《扬州水道记》考证黄河夺淮之后造成的淮河与长江之间运河的高下之别予以了"是书之裨益后人者，岂徒舆地之学已哉！钦味悦服，不尽区区"的高度评价。

《扬州水道记》是一部考证扬州境内运河、水道变迁沿革的重要历史地理著作。该书考证运河的历史沿革，旁征博引、追根寻源、鞭辟入里，学术价值、文献价值极高。

《扬州水道记》有道光十七年（1837年）欲寡过斋刻本，同治十一年（1872年）淮南书局补刻本，道光二十五年（1845年）江西抚署本。另有2004年徐炳顺的标点本。2011年广陵书社出版《扬州地方文献丛刊》收录赵昌智、赵阳的点校本。2016年南京师范大学出版社出版《江淮运河历史文献丛刊》收录刘涛的点校本。2020年中国水利水电出版社《中国水利史典（二期）·淮河卷二》收录周权的整理点校本。

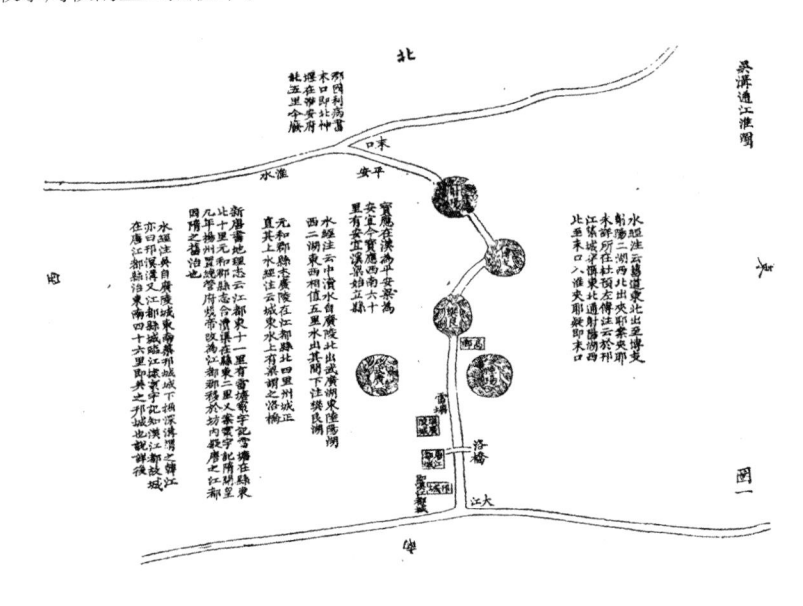

9　清代　冯道立　《淮扬水利图说》《淮扬治水论》

　　余昔著《淮扬治水论》，分四路下水法，无非顺其就下之性，专以不伤民田为主，但测蠡之见未知可许问津，兹缘本学祝补斋先生关心水利，命具各图以献，援绘总图于前，余图附后，倘见者教而正之，则刍荛一得或亦有资于采择云。

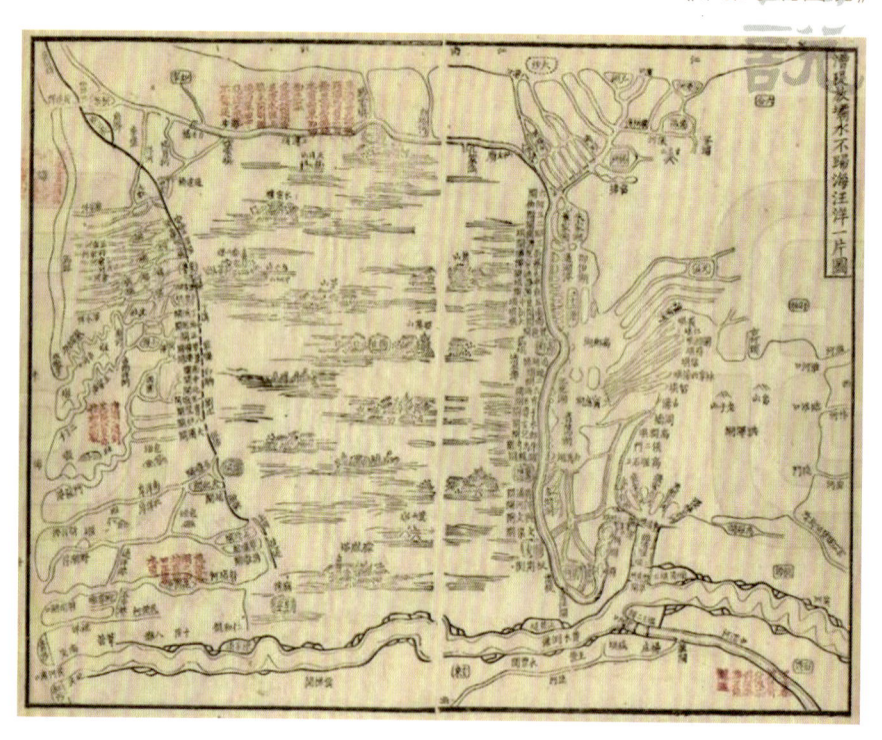

——《淮扬水利图说》

　　《淮扬水利图说》与《淮扬治水论》，清代冯道立撰。冯道立（1782—1860），字务堂，号西园，东台县（今江苏省东台市时堰镇）人。道光元年（1821年）恩赐为贡生，候选直隶州州判，咸丰元年（1851年）制科孝廉方正，例授承德郎。青年时代的冯道立每见淮水泛滥，河湖四溢，水乡人民饱受水患之苦，便立志治水为民造福。他认真研究水利，常到实地勘察，参加水利工程，为治理里下河地区的水患做出了很大贡献。他一生写有许多水利专著。

淮扬地区系冲积平原，连接长江与淮河的淮扬运河贯穿南北，邵伯湖、高邮湖、宝应湖连贯其中。自南宋初年"或决或塞，迁徙不定"的黄河夺淮之后，黄河、淮河、运河、洪泽湖长期纠缠于江淮之间。为维护大运河南粮北运的重任，历朝在治河策略上大体遵循着避免黄河向北溃决的思路。然而此举却使黄河挟沙能力下降且极易发生淤塞，汇聚在洪泽湖中的淮河水失去原有入海通道后，被迫从盱眙以东经高邮、江都进入长江。然而扬州段运河周边无法承载淮河充沛的水量，所以给这片浅洼地区造成了巨大的灾难。为解决淮扬地区的洪水之患，确保南北大运河的畅通，明、清两代在此进行了长达数百年的治水工程。在淮扬地区的治水过程中出现了不少水利史的著述，冯道立的《淮扬水利图说》《淮扬治水论》就是其中较为著名的。

《淮扬水利图说》不分卷，内有水利图八幅，包括《淮扬水利全图》《淮、黄交汇入海图》《御坝常闭水不归黄沿江分泄图》《漕堤放坝下河筑堤束水归海图》《漕堤放坝水不归海汪洋一片图》《东台水利来源图》《东台水利去路图》《东台杨堤加高图》等八图及其《图说》。其中，《淮扬水利全图》包含北起淮河，南抵长江，西起洪泽湖，东至黄海之滨的河、湖、荡、盐灶、涵闸、桥梁、城镇等水系状况、水利工程等，直观展示了淮扬各水系来龙去脉之其间的关系。《淮、黄交汇入海图》范围西起宿迁，东到黄河入海口，"故治淮之法须先治黄""为今之计，似宜坚筑堤岸、疏通支河，且再复开沙棹、扬泥车、混江龙等物，使沙随水行，水因堤束，纵有泛涨，可由堤上各滚坝分泄支河，庶几黄不倒灌，清口之水自交会而朝宗矣"。《御坝常闭水不归黄沿江分泄图》提出"淮水入海原是正道，但近日黄河壅注，定当大开江路方是"，并主张"凡通江之路均可因地制宜，开河建闸，俾每年漕堤开放若干丈，而此数处亦增放若干丈，此不但去路一多漕堤即可永闭，而沿途分泄江口亦不患水涌难受矣"。《漕堤放坝下河筑堤束水归海图》是为了治理漕堤以东水患而绘制，提出"择泾河与车逻等处，因地制宜建筑长堤二道，束水下海，庶无旁溢"。《漕堤放坝水不归海汪洋一片图》反映了漕堤放坝以后，里下河地区水患灾害的范围、受灾原因等，于是"仿郑侠流民之意，特绘斯图""是有望于关心民瘼者矣"。《东台水利来源图》指出了东台水利来源,即"远水与暗水、浅水三处",指出东台水旱灾害的地理因素与人为因素。《东台水利去路图》反映了东台境内水系排海去路情形,并指出东台水患是因为古河口与王家港"两河皆为沙淤,非时常挑浚,则尾闾不通,腹胀亦难消矣"。《东台杨堤加高图》指出"杨公堤始于明御使杨澄""为淮南十一场盐艘与四方行旅要道""今若仿兼挑之法,筑堤带挖河槽,则河深堤高,不独商旅称便,而附近田畴均有裨益"。

书中八幅图的顺序也是冯道立有意为之。其在《淮扬水利图说后记》中说:"以上八图非敢遽云知津,不过管窥之见,明其大略,《总图》之后即继以淮、黄交汇入海者。明乎!淮受黄欺,欲治淮者,当先治黄也。黄水如不能御,即当大开江路,故沿江分泄图次之。江水又不能容,则非开漕堤不可,即宜用筑堤束水法,庶不致散漫无归,故筑堤图又次之。若夫江海既皆不通,而漕堤之东又无高堤,则上坝一启,水即四散,田园淹尽,始至范堤,而汪洋一片之景象成焉。是图也,统计九州县地,周围可千有余里,水天一色,莫辨津涯,民间屋庐丘墓随水漂泊者不可胜数,仁人君子当亦有目击心伤者矣。至于东台僻处东隅,不过维扬一小县,然来源去路与运堤、马路等处亦予剥肤灾也。"

《淮扬治水论》也是冯道立一部重要的水利著作,与《淮扬水利图说》互为表里。《淮扬治水论》曾作为《淮扬水利图说》的附录刊行于世,汪本林《淮扬治水论跋二》说:"往岁林与诸砚友曾将《水利图说》校订付梓,兹承镜湖叶君命,将《治水论》附刊于后,俾观图者互相对证,庶几一目瞭然,不致有迷津之叹。"《淮扬水利图说》以图为主,配以说文,较全面地体现了冯道立的治水思想,特别是淮扬一带的水利治理理念和方略。在《淮扬治水论》中,冯道立概括出"治水之道,不出'疏''畅''浚''束'四法"。曾国藩任两江总督时,派遣两淮泰州分转杜筱舫亲临冯府访求《淮扬水利图说》,他认为:"迄今谈水利者犹奉为圭臬,则公之著述固名贵可珍也。"

《淮扬水利图说》有清道光十九年(1839年)精刊朱墨套印本,2004年线装书局出版《中华山水志丛刊》收录该书影印本。《淮扬治水论》有清道光十九年(1839年)刻本,清光绪二年(1876年)淮南书局刊本,民国二十二年(1933年)高桢抄本。此外还有清道光二十年(1840年)单独刊本,2015年中国水利水电出版社《中国水利史典·淮河卷一》收录邹春秀的清道光二十年单独刊本整理点校本。

三、淮河流域

10　清代　范玉琨　《安东改河议》

今始得读斯编,于东、南两河形势要隘了如指掌。而安东改河一议,尤为精确不磨,虽格而未行,而当盈廷发言之际,排众论以独伸其是,嫌怨不辞,剀切敷陈,必期得当而后已,经济、文章,两堪千古。

——顾春藻《安东汉河议·跋》

《安东改河议》,清范玉琨著。范玉琨,字吾山,嘉兴府(今浙江嘉兴)人,曾任宿南厅通判。

安东,今江苏省淮安市涟水县旧名,位于淮河之滨。黄河夺淮之后,安东成为黄河入海的必经之地,是受黄河泛滥之害较为严重的地区之一。清道光时期,黄河水沙问题日益恶化,泥沙已经严重淤垫了河道。清道光四年(1824年)十一月初,洪泽湖水暴涨,又值狂风怒卷,高家堰十三堡(今洪泽湖二河闸北)、山盱六堡(周桥附近)迎湖石工被大风掣卸341段,长达11000余丈,下河下游地区一片汪洋。大堤决口之后,洪水东泻,导致淮河、洪泽湖水位急剧下降,

水利典籍

黄河之水又乘势倒灌清口，加剧洪泽湖东泻。回空漕船被阻，严重影响朝廷的正常运转。江南河道总督张文浩因治水不力而被革职。为治理河患，道光四年（1824年）十一月，调严烺任江南河道总督。严烺上任后，河道仍然浅滞，漕船不能通行，道光六年（1826年）三月，道光皇帝调河东河道总督张井为江南河道总督。张井与范玉琨"为两世交，又同官夷门，洎同办马营坝、仪封两大工，朝夕共处，益相得"。张井任河东河道总督时，曾奏请范玉琨任同知衔河东候补通判，共理改河之事。张井任江南河道总督后，复奏"改南河候补"。《安东改河议》就是在这一背景下产生的，其中张井所作文章实出范玉琨之手。

道光六年（1826年），张井调任江南河道总督后，与两江总督琦善、江南副河督潘锡恩、河南巡抚程祖洛合办改河之事。因张井与琦善意见不合，加上当时黄强淮弱，黄河的泥沙淤积问题较为严重，到了道光七年（1827年），在花费六百万两治河经费之后，黄河仍然不能治理好，漕运不通。道光震怒，严肃处理了琦善、张井，以及江南副河督潘锡恩等人，清代欧阳兆熊在其《水窗春呓》中记载此事为"降琦侯为阁学""以同知唐文睿倡议切滩，发新疆；管总局为淮扬道邹公眉经理未当，议处。一时物论沸腾，有'五鬼闹王营'之说：琦为冒失鬼，潘为怂恿鬼，张为冤枉鬼，邹为刻薄鬼，唐为糊涂鬼"。

《安东改河议》共三卷，卷首有道光二十五年（1845年）李宽《安东改河议录存序》与范玉琨《安东改河议始末》。李宽在序中对张井与范玉琨的治水思想极为推崇，并对范玉琨后来的遭遇表现出极大的慨叹，称其"观察心敏气锐，遇事一往直前，环顾流辈，才又率出己下，自谓必可少建功业，以无忝为国为民，乃竟使郁郁赍志，职谁之由？力辟减坝，专主改河，已为众所侧目，迨后竟以严核扬河漫工侵冒，中伤休官。官可休，名可毁乎？"对于范玉琨"所草改河奏疏、公牍，意亦不欲存之"，李宽指出"后之览者，即不能因以兴利除害，亦可深谅其殷勤康济之心也夫"。范玉琨《安东改河议始末》介绍了其与张井交往的过程，张井在淮安治理黄河的过程，以及刊印此书的缘由。卷一收录了张井《为熟筹河工久远大局，及微臣悚惧下忱，据实沥陈，恭折奏祈圣鉴事》，琦善、严烺、张井、程祖洛《为查勘江境湖河，敝坏已极，设法酌筹疏治，期于渐次复旧各缘由，恭折奏祈圣鉴事》，张井《为熟筹早启御坝，另筑北面新堤导河，避过高滩，以掣底淤而利漕行，恭折奏祈圣鉴事》，以及《芥帅调任南河淮扬道迎节禀内加单》《张芥航河帅复淮扬道书稿》《淮海道面呈估计改河工程说》《淮海道面呈勘估情形折》。卷二收录了《琦制军咨张河帅稿》《张河帅咨复琦制军稿》《安东改河议》《地势高下辨》《会奏改启减坝稿》《致琦制军书内另单》《致琦制军书》《续拟安东李工改河会奏稿》《制军接续拟奏稿后先发参奏稿》。卷三收录了《琦制军复书》《张河帅复琦制军信》《改河专奏第三稿》《致琦制军书》《附致蒋襄平中堂加单》《减坝堵后河仍抬高不能启坝通漕会奏请罪稿》。卷末为道光二十五年（1845年）《改河议后叙》与顾春藻所作《跋》。

《安东改河议》有道光二十五年（1845年）刊本，《小灵兰馆家乘》本。2020年中国水利水电出版社出版的《中国水利史典（二期）·黄河卷一》收录杨亮的整理点校本。

11 清代 孙应科 《下河水利新编》

迩来水患频仍，高邮首受其害，六邑次之。欣逢圣天子临御之初，即发帑金修筑漕河两岸，高邮之幸，亦六邑之幸也。科，泽国余生，曷胜忭庆，夫复何言！惟是夙承祖训，桑梓敬恭，目击乡井他离，不得不留心此事。

——孙应科《下河水利新编·序》

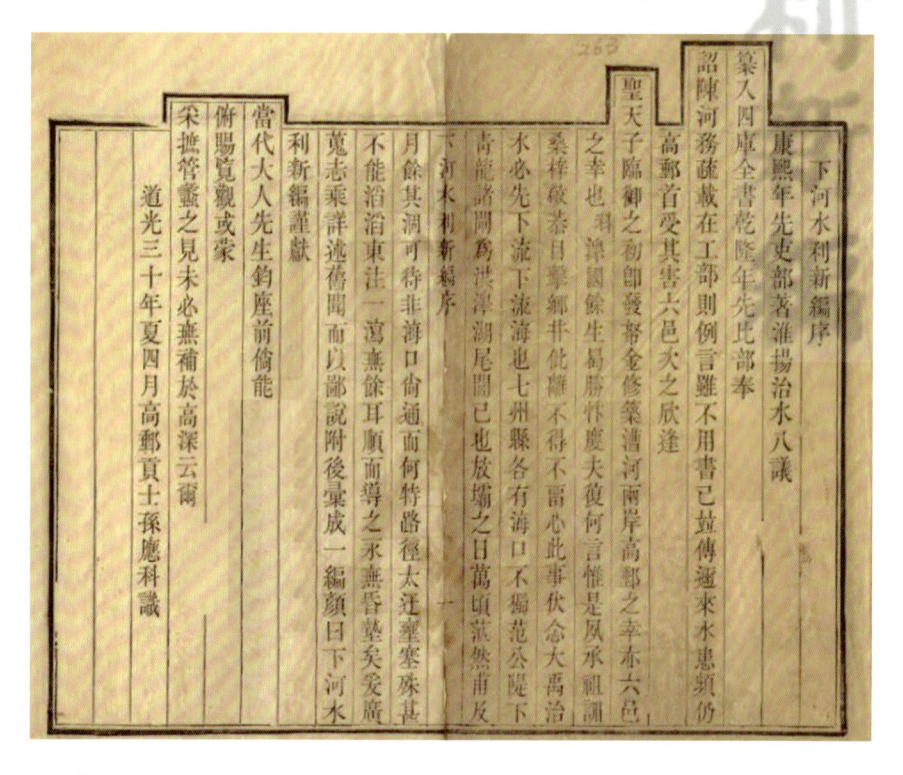

《下河水利新编》，清孙应科撰。孙应科（1777—1850），字彦之，或作砚芝、研芝，贡生，江苏高邮（今江苏高邮市）人，除《下河水利新编》外，还辑有《四书说苑》，撰有《半吾堂文钞》。

三、淮河流域

《下河水利新编》共三卷,卷首有道光三十年(1850年)夏四月孙应科《下河水利新编序》,以及编纂该书的十条《例言》。在《序》中,孙应科说:"迩来水患频仍,高邮首受其害,六邑次之。欣逢圣天子临御之初,即发帑金修筑漕河两岸,高邮之幸,亦六邑之幸也。科,泽国余生,曷胜忭庆,夫复何言!惟是凤承祖训,桑梓敬恭,目击乡井貦离,不得不留心此事"。于是他"广搜志乘,详述旧闻,而以鄙说附后,汇成一编,颜曰《下河水利新编》,谨献当代大人先生钧座前。倘能俯赐览观,或蒙采摭管蠡之见,未必无补于高深云尔"。《例言》介绍了编纂此书的标准、下河地区的范围、下河水利治理的组织与施工要求等。

上卷为《七邑总述》,辑录了《皇朝经世文编》《皇朝通志》《河渠纪闻》《天下郡国利病书》《治水筌蹄》《行水金鉴》《续行水金鉴》《南河全考》《续南河成案》《南河成案续编》《防河议》《爱日堂集》《筹淮八议》《扬州府志》《高邮州志》《宝应县志》《中衢一勺》《宝应图经》《浚海口议》《黄河南迁议》。各书中关于下河地区水利的论述,对里下河高邮州、兴化县、宝应县、泰州、东台县、盐城县、阜宁县七州县水利进行了总体论述。

水利典籍

中卷分别介绍了高邮州、兴化县、宝应县、泰州、东台县、盐城县、阜宁县七州县水利。其中,"高邮州"部分收录了张鹏翮《治河书》、靳辅《治河书》,以及《南河成案》《南河成案续编》《扬州水道记》《高邮州志》《续行水金鉴》《续高邮州志》等书中关于高邮闸、坝、河、荡、湖的记载。"兴化县"部分收录了《天下郡国利病书》《南河成案》《行水金鉴》《续行水金鉴》《河防一览》《兴化县志》《扬州府志》《高邮州志》《筹河刍言》《兴化水利说》等书中关于兴化河、闸、坝,以及海口的记载。"宝应县"部分收录了《皇朝经世文编》《南河全考》《方舆纪要》《河防志》《天下郡国利病书》《宝应县志》等书中关于水利的记载。"泰州"部分收录了《天下郡国利病书》《皇朝经世文编》《行水金鉴》《续行水金鉴》《水道提纲》《南河成案》《防河议》《泰州志》等书中关于水利的记载。"东台县"部分收录了《方舆纪要》《续行水金鉴》《东台县志》《东台县图》等书中关于水利的记载。"盐城县"部分收录了《天下郡国利病书》《皇朝经世文编》《盐城志序》《盐城志》等书中关于水利的记载。"阜宁县"部分收录了《阜宁县请挑河文》,详细介绍了阜宁的地理环境与水利治理的策略。

下卷主要是辑录者孙应科个人的治河建议,收录了《拟上当事书》《挑浚

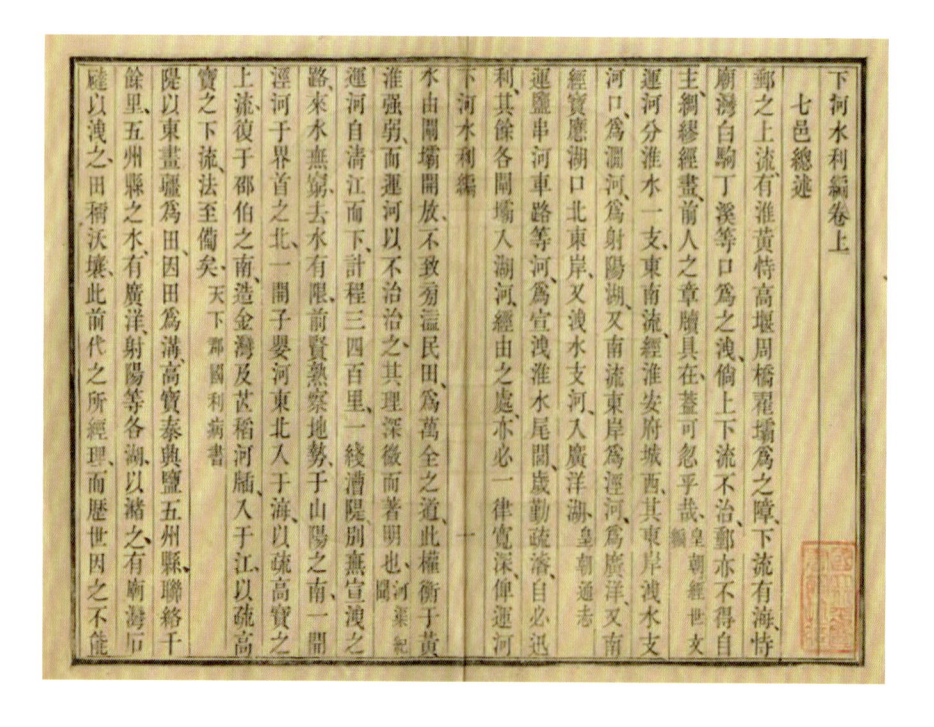

下河海口议》《移坝说》《守坝辨》《六漫沟议》《范公堤议》《子婴闸考》《射阳湖考》《修复泾河闸增置白田铺闸议》《跋盐城县志后》

卷末为道光三十年（1850年）夏宝晋的《跋》，盛赞此书"荟萃群言，参以己意，条分缕晰，如指诸掌"。

《下河水利集说》有清抄本，清道光三十年（1850年）刻本。2006年广陵书社出版《中国水利志丛刊》收录该书抄本的影印本。

12　清代　董恂　《江北运程》

师念京储未裕，而运道弗讲，以江之南之不靖，田畴之不易，固无粟可漕也。即有粟而江以北无程以运，奈何？师于是乎搜讨旧闻，表章成宪，备采疏牍笺启，旁及诗古文词，又成是书。

——《江北运程·跋》

《江北运程》，清董恂撰。董恂（1807—1892），原名醇，因避同治帝载淳名讳（醇、淳同音）改名恂，字忱甫，号韫卿，邵伯（今扬州市江都区邵伯镇）人，道光十七年（1837年）中举人，二十年（1840年）中进士，历经道光、咸丰、同治、光绪四朝，曾任户、吏、礼、兵部侍郎及尚书，以及总理各国事务衙门大臣。

董恂出仕后，先由户部主事派充漕运全书馆的总纂，书成后，奉旨发刊。董恂曾随仓场总督庆祺赴天津验收海运南粮。咸丰二年（1852年），董恂奉命督运楚南漕粮，撰写《楚漕江程》十六卷。董恂于咸丰八年（1858年）至咸丰十一年（1861年）任顺天府尹期间，清醒认识到"京师控天下，上游朝祭之需、官之禄、王之廪、兵之饷，咸于漕平取给，而饷为最"的道理，因而着手编辑了历代有关运河的资料，于咸丰十年（1860年）刻印成书，上奏朝廷。这就是《江北运程》的编纂由来。

《江北运程》共四十卷，另有《卷首》一卷。《卷首》包括《自序》一篇，《图》两幅及《总略》《纲汇》。其中，《图》分别为《汇北运程并有漕诸省图》《江北运程河湖闸坝全图》与《图说》；《总略》介绍了各卷所列运河的起止地点与长度；《纲汇》则详细介绍了各卷所载运河的起止城镇、桥梁、闸座、仓库，以及每段的里程。

《江北运程》记述了京杭运河从北京到长江的水程、道里以及闸坝等运河工程。每卷冠以提纲，广引史乘、志书加以考证，又大量引用历代诗歌、奏疏加以阐明，用《恂案》论述作者的见解。其中，卷一为顺天西路厅大兴县至东路厅通州；卷二为顺天东路厅通州历香河县至武清县境；卷三为顺天东路厅武清县至直隶天津府天津县境；卷四为直隶天津府天津县；卷五为直隶天津府天津县至静海县境；卷六为直隶天津府静海县历青县至沧州境；卷七为直隶天津府沧州左历南皮县右历河间府交河县至东光县境；卷八为直隶河间府东光县历吴桥县景州至山东济南府德州境；卷九为山东济南府德州历东昌府恩县直隶河间府故城县至山东临清州属武城县境；卷十为山东临清州属武城县历夏津县直隶广平府清河县至山东临清直隶州境；卷十一为山东临清直隶州；卷十二为

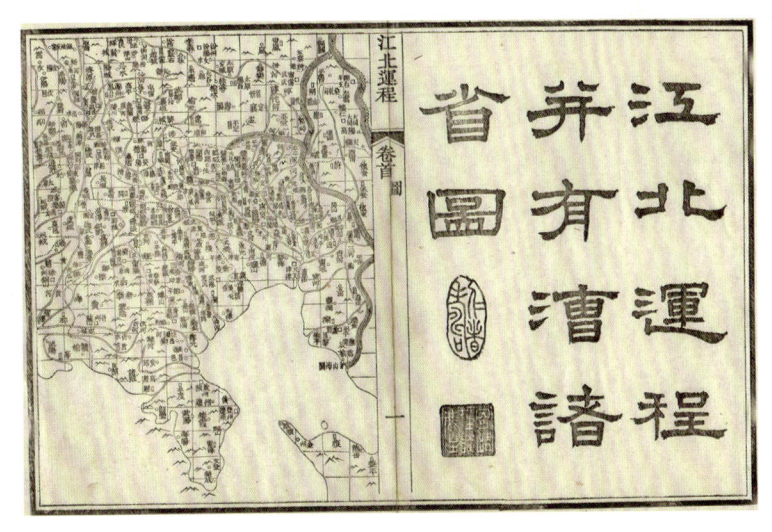

山东临清直隶州历东昌府清平县左至博平县右至堂邑县境；卷十三为山东东昌府博平县堂邑县历聊城县至兖州府阳谷县境；卷十四为山东兖州府阳谷县历泰安府东阿县至兖州府寿张县境；卷十五为山东兖州府寿张县历泰安府东平州至兖州府汶上县境；卷十六为山东兖州府汶上县；卷十七为山东兖州府汶上县至济宁州属嘉祥境；卷十八为山东济宁州属嘉祥县历曹州府巨野县至济宁直隶州境；卷十九为山东济宁直隶州至州属鱼台县境；卷二十为山东济宁州属鱼台县至江南徐州府沛县境；卷二十一为江南徐州府沛县至山东兖州府滕县境；卷二十二、卷二十三为山东兖州府滕县至峄县境；卷二十四为山东兖州府峄县至江南徐州府邳州境；卷二十五为江南徐州府邳州至宿迁县境；卷二十六为江南徐州府宿迁县至淮安府桃源县境；卷二十七为江南淮安府桃源县至清河县；卷二十八为江南淮安府清河县；卷二十九为江南淮安府；卷三十为江南淮安府清河县；卷三十一、卷三十二为江南淮安府；卷三十三为江南淮安府清河县；卷三十四为江南淮安府清河县历山阳县至扬州府宝应县境；卷三十五、卷三十六为江南淮安府扬州府；卷三十七为江南扬州府宝应县至高邮州境；卷三十八为江南扬州府高邮州至甘泉县境；卷三十九为江南扬州府甘泉县至江都县境；卷四十为江南扬州府江都县达大江。

　　《江北运程》现行本为同治六年（1867年）琉璃厂龙文斋刻本。2020年中国水利水电出版社出版的《中国水利史典（二期）·运河卷》收录戴甫青、颜元亮、蒋超、刘建刚的整理点校本。

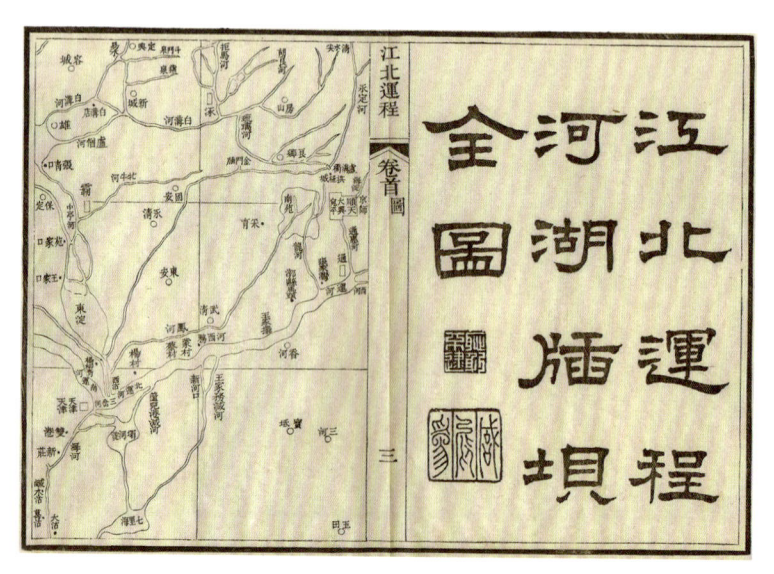

三、淮河流域

13　清代　丁显　《复淮故道图说》

　　其堵三河、浚清口、挑淮河、辟云梯关尾闾、帮两堤柴埽大工，定于来岁冬季举行，亦于来岁秋收征费，则千百世之害于此去，即数千里之利于此兴，岂不懿哉！

　　　　　　　　　　　　　　　——《黄河北徙应复淮水故道论》

　　《复淮故道图说》，清丁显撰。丁显，字西圃，号韵渔，山阳（今江苏淮安市淮安区）人，清咸丰九年（1859年）举人，曾任睢宁训导。据《续纂山阳县志》记载："同治五年，清水潭决，淮扬被灾甚剧。显谓非复淮水故道不可，绘图贴说，

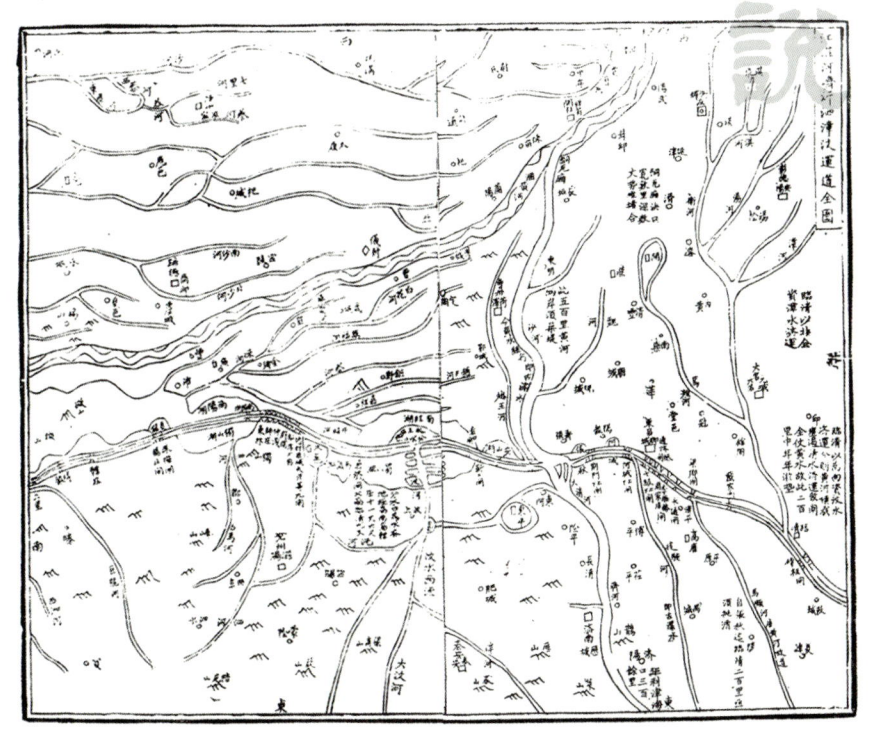

禀请江督曾文正,具奉兴办。垂成,而文正薨,事遂寝。"丁显平时"讲习经济,务求有用",于疏导淮河、运河等民生国计,尤费苦心。

清咸丰五年(1855年),"善淤、善决、善徙"的黄河在兰阳铜瓦厢(今河南兰考县附近)决口,改道北流,由东明县(今山东东明县)下注至张秋(今山东张秋镇),归古济水(今大清河)入渤海。黄河北徙,夺淮结束,然而原本深阔的淮河入海尾闾,被黄河泥沙淤垫为高悬于地面之上的悬河,不再恢复故道,而是由三河经高宝湖入江。但"数十年来入江之口又复冲积增高,乃并不能入江,遂使长淮数千里之巨川,悉汇于淮扬一带低原之地,仅恃一线运堤为保障,洪泽、高宝诸浅湖为容受"(宗受于《长、淮流域宜建设行省大举导淮议》),于是"清同治中,曾国藩总督两江,山阳丁显、阜宁裴荫森、宿迁蔡则沄等首倡复淮故道之说,曾氏据以入告,遂有筹设导淮局之议"(《说淮·第二章·导淮之经过》)。同治六年(1867年)十月,两江总督曾国藩在清江浦(今淮安市区)设立导淮局。在清末的复淮运动中,丁显是最先主张"复淮"的代表人物。《复淮故道图说》也是清末民初复淮之说的嚆矢。

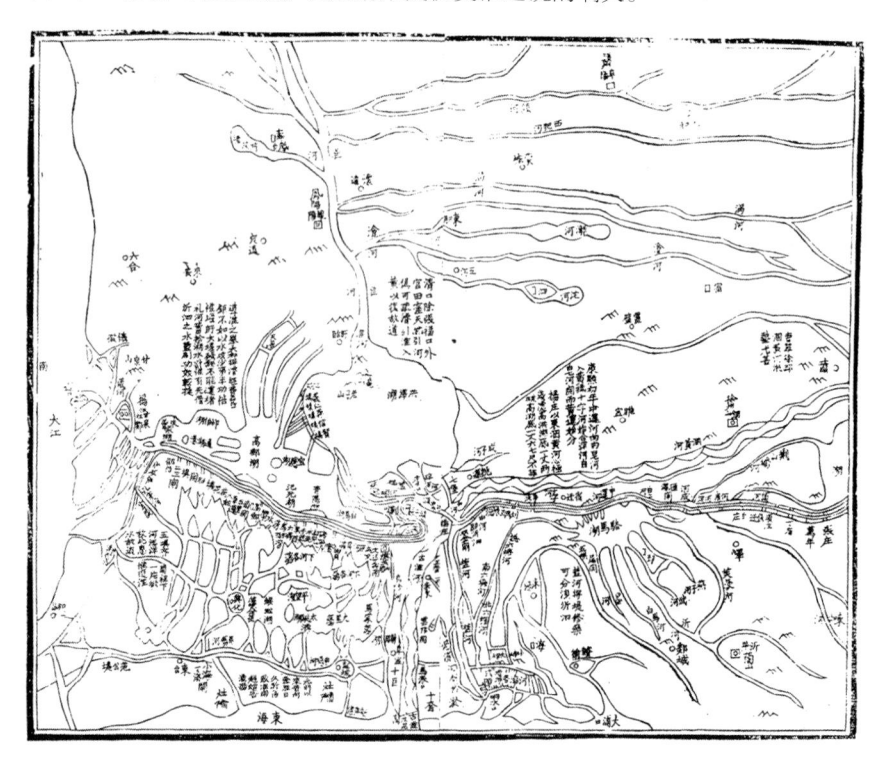

三、淮河流域

《复淮故道图说》不分卷，书前冠有"请"字，正文前有三篇文章与一幅图，分别为光绪十五年（1889年）丁显《序言》，同治六年（1867年）七月二十九日曾国藩《筹拨直隶、安徽协款，另行筹款试办修复淮渎事宜》，曾国藩抄录的户部批复及其本人的批示；图为《江、淮河、济、沂、泗、漳、汶运道全图》。正文九篇，分别为《黄河北徙应复淮水故道论》《导淮捷议》《导淮补议》《淮北水利说》《导淮别议议》《黄淮分合管议》《黄河复由云梯关入海说略》《一边出土节略》《导淮为今日急务说》。

其中，《黄河北徙应复淮水故道论》回顾了淮河流域的变迁与治理历史，提出了"堵三河""辟清口""浚淮渠""开云梯关"四项措施，并提出较为详尽的施工章程，又提出省费而防害的"一边出土"之法。《导淮捷议》指出了经费不足的问题，即"导淮局将开矣，而议论纷纷。或谓需数千万缗，或谓需数百万金，大加兴挑，一气呵成，自需千百万缗。然今日全力供军中之紧饷，尚属不敷，一时安能筹划"。于是丁显提出四条可行措施，即"首由杨庄掘浚就势冲刷也""次展宽张福口引河因势排刷也""次掘开天然引河及官田洼以防盛涨也""越港冲槽另设浚船以防壅滞也"。《导淮补议》则是对"有谓冲刷难收捷效者""或谓机器转运，刷深易，刷宽难，且两河帮覆压之土，坍卸积累，难免壅滞""或又谓铲削两帮，沙随水去，亦属开宽之术，惟河身渐深，两帮之在水外者，可以运锹，水底未能铲削，势必至外宽中窄，且两帮坍卸沙泥，堆积两旁，机器亦难抬高冲刷""有谓近年山、宝栽插，全借中河之水灌注，今从中河口施功，栽插之时，洪湖之水尚未抬高入运，而中河之水又由废黄河东趋，势将若何""又有谓绵长二百余里，雇夫拖刷，督率难，经管尤难"几个问题的解释。《淮北水利说》详细介绍了淮河北侧六塘河、沂河、泗水的历史渊源，以及淮北沭阳、海州、安东水灾的根本原因。书中还提出，南堵三河、北辟清口、东浚淮河故道，则淮南、淮北水患可以得到治理的想法。《导淮别议议》则是针对金安清《导淮别议》，提出"有不便者七，有可虑者六"的观点。《黄淮分合管议》介绍了历史上黄河与淮河"二渎分流，各不相犯"的历史，提出"淮合而数省危，黄、淮分而数省安也"的看法，对于他人提出的"黄水由大清河入海，有妨运道"的问题，书中指出"黄、淮分而运道不碍，黄、淮合而运道转难也"。《黄河复由云梯关入海说略》提出"欲导黄，必先导淮，淮为黄之尾闾，淮畅而黄乃能会也。欲导淮，必先导泗、沂。泗、沂能遏淮之门户，沂、泗弱而淮乃能敌也。沂、泗导则徐、邳、海、沭之患弭；淮导则颍、凤、淮、扬之患弭；淮与沂、泗并导而后导黄，淮可刷黄。黄不遏淮，则青、兖、冀、豫之患弭，而徐、海、淮、扬之患亦不至太甚"的观点。《一边出土节略》中提出"一边出土"法，并指出此法的五个好处，即"泥即堆积滩之一边，稍高者宣泄仍畅，黄淮自不为壅遏，一利也""今一边出土，拟在二十丈外，与始议近四十丈方价自减，节省经费，二利也""即以所出之土，帮补两堤，俾险工可以高厚，价半功倍，三利也""盛涨之时，不为冲塌，即以防淤塞，四利也""今如一边出土，河滩仍宽，将来任意开辟，毫无阻碍，五利也"。《导淮为今日急务说》以"五不可缓"之说，进一步指出"今日而论江、皖大局，军务以外，未有急于导淮者也"。

《复淮故道图说》的这些主张对今天的淮河治理而言，仍有很大的参考价值。

《复淮故道图说》现有清同治八年集韵书屋刊本，1936年中国水利珍本丛书本。2015年中国水利水电出版社《中国水利史典·淮河卷二》收录鲁华峰的整理点校本。

三、淮河流域

14　清代　吉元、何庆芬等　《淮郡文渠志》

郡尊长白存公以文渠属邑绅轮司之，今年元等首值年，因讲求其利弊，亟复桂花闸，蓄以注府学泮池，工竣已，请太尊示谕矣。然犹恐日久寖废也，爰详晰绘图加说，而文渠原委，并渠田界址，了如指掌焉。兼汇录国初以来前贤挑浚文渠碑记，不忘旧也。绅禀、官牒一并刊入，便省览也。末附以河渠工段丈尺，分别志其水工、砖工、石工，酌列为最要、次要，则尤司浚渠者所宜究心体察者也。书既成，遂僭以为"文渠志"云。

——《淮郡文渠志·序》

《淮郡文渠志》，清吉元、何庆芬、何其杰、丁寿炳、刘健吉等辑。吉元，清代山阳（今淮安市淮安区）才子，具体事迹不详。何庆芬，字庚香，淮安府山阳县（今江苏淮安）人，道光癸巳年（1833年）生，同治甲子年（1864年）举人，光绪丙戌年（1886年）铨华亭（今属上海市松江区）教谕，光绪丙申年（1896年）兼松江融斋书院监院。何其杰（1832—1895），字俊卿，山阳（今淮安市淮安区）

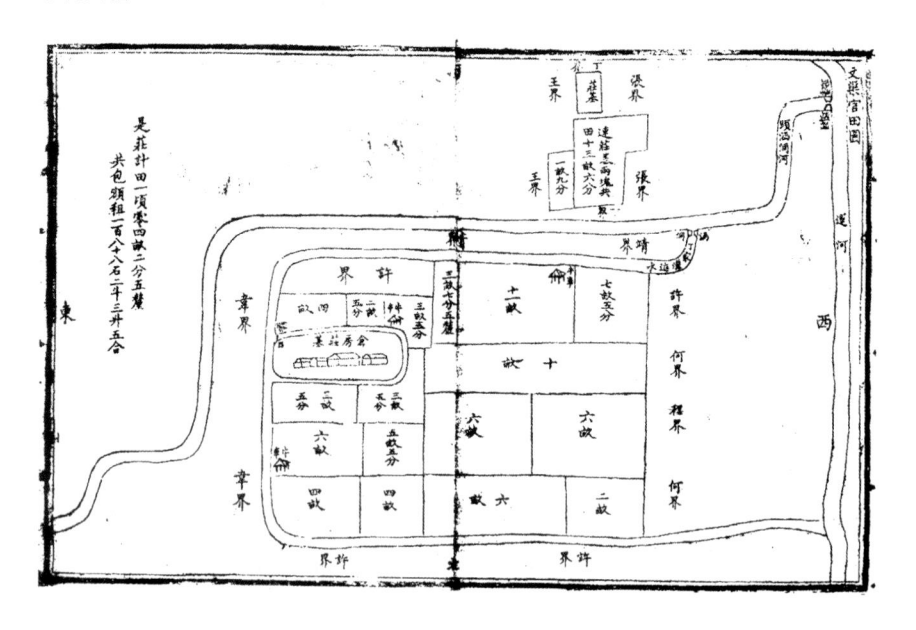

人。丁寿炳，字子静，丁晏第四子，道光丙午年（1846年）优贡，应试作《经说》，颇得学使俊藻和时任礼部侍郎的曾国藩器重，官八旗弟子教习，以知县候选。刘健吉，具体事迹不详。

淮郡，即清代淮安府，古城区在今淮安市淮安区。文渠为淮安府城内的通水沟渠，起自里运河东侧矶心闸，东至镇淮楼南侧，一路向东南汇入城区泵站，一路向北折向东汇入老泗河，以环状形式贯通淮安城区三城（旧城、夹城、新城）。

文渠之名最早见于《天启淮安府志》，书中指出"文渠在府学前,明嘉靖间,知府王凤灵开创,以近民居,岁久淤塞""宽深四五尺，六七尺不等,甃以砖石,复以厚板,引西水关之水曲折达于府学泮池""淮郡三城向资灌输，兴文、文渠导其源，市河、涧河宣其流""为民间食用所赖，文风所系"。一时间，淮郡人文蔚起，士气民风蒸蒸日上，故被称为"文渠"。此后数百年间，历朝历代不断对文渠进行疏浚，清乾隆三十一年（1766年）秋、冬两季费白金五百余两重修了文渠。光绪六年（1880年）造了彩虹桥、起凤桥、珠联璧合桥。光绪二十九年（1903年）对文渠进行了彻底的整修。1945年9月，新四军第一次解放淮安后，淮城市人民政府立即着手文渠疏浚工程。1946年2月成立了"淮城文渠疏浚委员会"，疏浚工程于1946年3月初全面动工，4月上旬按期完成。

三、淮河流域

中华人民共和国成立后,政府多次疏浚文渠。1960年春,淮安县委领导刘秉衡去北京看望周总理。其间,总理回忆童年生活时问:"文渠呢,还有水吗?"周总理说:"小时候,我常从勺湖坐小船,过北水关,到河下去玩。河下那时候可热闹呢!"

《淮郡文渠志》共两卷,上卷为《图说》与《碑记》,下卷为《公牍》与《工段丈尺》,卷首有同治壬申年(同治十一年,1872年)辑录缘由。上卷《图说》收录了《文渠图说》与《文渠官庄图说》,实则只有图,并无图说。《碑记》收录了夏曰瑚《新建三城坝石堤碑记》,王永吉《龙光闸记》,毓奇《重修文渠闸记》,铁保《重开巽关河道碑记》《新开举河并浚罗柳河碑记》,丁晏《己酉春重浚罗柳河记》《壬子春重浚市河记》,张之万《兴造淮郡闸洞渠河记》,何其杰《重建龙光闸并浚文渠洞河附记》。卷下《公牍》收录了同治十年(1871年)十月的《邑绅请款公呈》《郡尊发款札谕》,同治十一年(1872年)三月《典商遵领公项生息公呈》《郡尊定章分闾轮管照会》,同治十一年(1872年)五月《郡尊酌定挑渠条规告示》,以及《郡城内每年挑浚文渠最要工段丈尺》。卷末有光绪乙酉年(光绪十一年,1885年)何其杰《跋》。

《淮郡文渠志》有同治十一年(1872年)与光绪十一年(1885年)两种刻本。2020年中国水利水电出版社出版的《中国水利史典(二期)·淮河卷二》收录王琳琳的整理点校本。

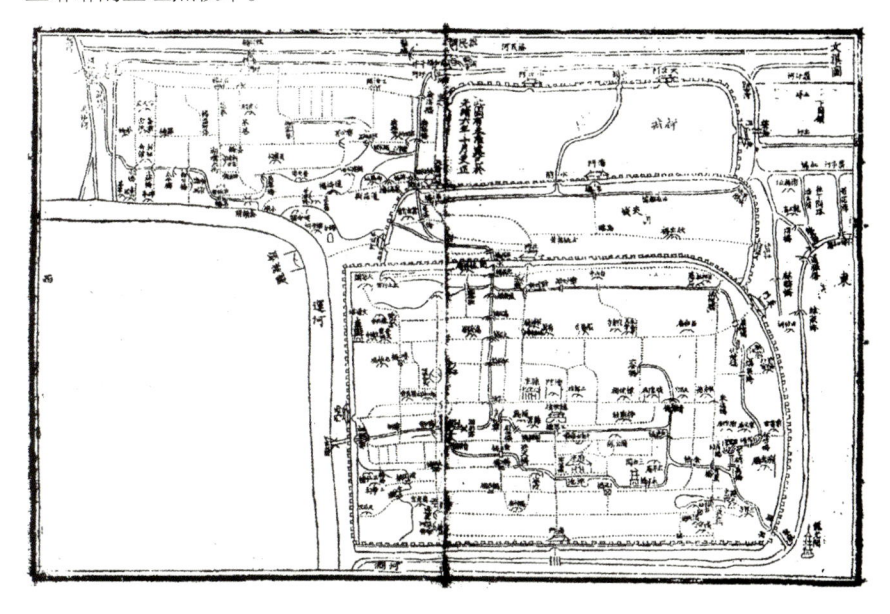

15　清代　刘宝楠　《宝应图经》

自汉唐以来，城邑之沿革，湖河之变迁，漕运之通塞，与夫民生利病所可考而知焉者，无不了如指掌。至谓邗沟、山阳渎于扬州、淮安两郡为统名，非邗沟专属江都、山阳渎专属淮安。扬州运堤非李吉甫所筑平津堰。而扬州地势，唐宋以前南高北下，邗沟水北流入淮。以故自昔江淮之间，止患水少，不患水多。至蓄高堰内水始南流入江，皆至详确，无所复疑者也。

——刘恭冕《宝应图经·书后》

《宝应图经》，清刘宝楠撰。刘宝楠（1791—1855），字楚桢，号念楼，宝应（今扬州市宝应县）人。嘉庆二十四年（1819年）优贡生，道光二十年（1840年）进士，历任文安、元氏、三河、宝坻等县知县。刘宝楠是"扬州学派"的杰出代表，《清代朴学大师列传》中誉刘台拱、刘宝楠、刘恭冕为"宝应刘氏三世"。刘宝楠的著作有《释谷》《汉石例》《念楼集》《胜朝殉扬录》《文安堤工录》等

20 余种。

据《宝应图经书后》记载,该书始撰于嘉庆十四年(1809 年),道光三年(1823 年)完成初稿,直到道光二十八年(1848 年)才定稿刊行。

《宝应图经》共六卷,卷首两卷。卷首之一是《历代县境图》14 幅,分别为《邗沟全图》《汉、射阳平安四境及东阳东境图》《三国魏射阳、平安、东阳废县图》《西晋射阳四境及东阳东境图》《东晋射阳、山阳四境及东阳东境图》《宋射阳、山阳四境及东阳、平阳东境图》《南齐射阳、东阳废县并入山阳图》《梁割山阳南境之半立阳平、东莞二郡图》《周阳平、东莞二郡石鳖县及山阳郡图》《隋安宜四境图》《唐宝应四境图》《宋元宝应四境图》《明嘉靖时宝应县境图》《明万历时宝应四境图》。这些地图清晰地标明了从两汉到清朝 2000 年间宝应县行政区域变化、建制沿革、水系变迁等情况,为现今了解宝应县情况提供了比较可靠的图像资料。其中,《邗沟全图》清晰标明了当年邗沟流淌的路径,尤为珍贵。卷首之二是《历代沿革表》,详细介绍了西汉至明代宝应的名称、疆域等沿革情形,《沿革表》后的文字考证了宝应名称的由来。

卷一为《城邑》,作者引用历代方志,介绍了射阳城、东阳城、平安城,南齐阳平城和唐、宋、元、明宝应城的地理沿革。卷二为《疆域》,介绍了汉射阳,汉、西晋东阳,汉平安,西晋射阳,东晋、宋射阳,南齐山阳,周石鳖,隋安

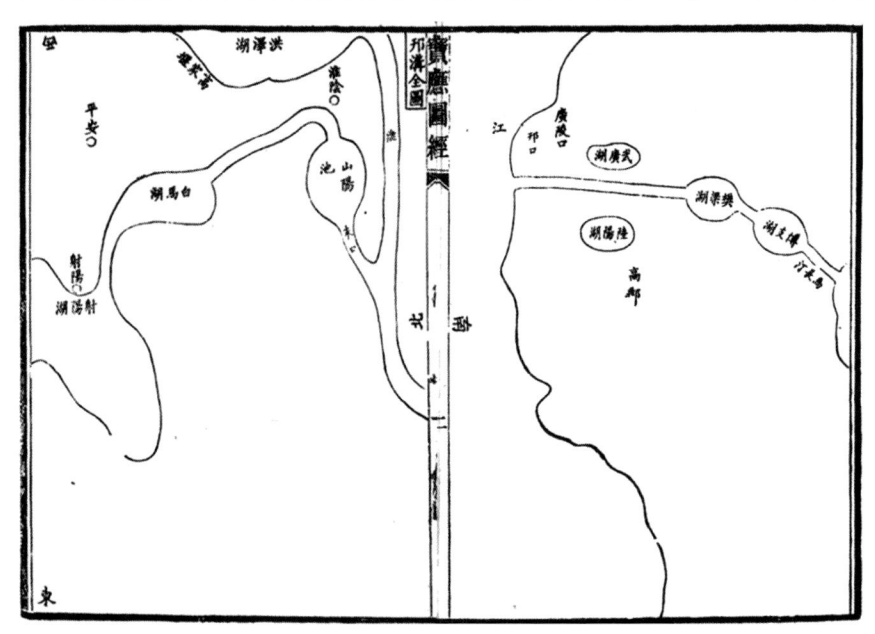

宜，唐、宋、元、明宝应的疆域范围，以及历代名胜之地。卷三为《河渠》与《水利》，该卷也是全书的重点，占全书的四分之一。书中详细介绍了当时河渠、湖泊、池塘的状况，引用大量的历史资料，对邗沟演变的历史过程进行了考证。尤其是书中总结了宝应境内的邗沟段自公元前486年始筑至明代万历四十一年（1613年）的十三次变迁，称之为"邗沟十三变"，使该书成为研究邗沟与里运河历史变迁的信史。卷四为《封建》，收录了汉代射阳顷侯缠、张相如，曹魏郭淮、周浚，宋代徐天锡、赵钧臣、贾涉，明代刘恩、邓继曾、李瓒、李涞、韩介、耿随龙、陈煃、刘遽等历代官宦的传记。卷五、卷六为《人物》，其中卷五收录了陈婴、臧旻、陈琳、陈矫、臧盾、刘勰、孙谦的事迹；卷六收录了刘炎、袁复、冀绮、张稷、朱讷、仲本、朱应登、范韶、朱嘉会、张旦、王思贤、吴敏道、刘永澄、刘永沁、乔可聘、王岩、陶澂等历史人物的言行与事迹。卷末为刘宝楠次子刘恭冕于道光二十八年（1848年）所作《书后》，介绍了《宝应图经》的写作过程，以及该书的重点介绍内容——邗沟的历史考证。

《宝应图经》辑录了《史记》《汉书》《后汉书》《三国志》等正史，《水经注》《太平寰宇记》《方舆纪要》等地理著作，以及大量的府志、县志中的相关资料，又有经过实地考察的第一手资料，详细考证了从两汉到清朝近2000年间宝应县行政区划变化、建制沿革、水系变迁等情况，尤其是京杭大运河最古老的河段——邗沟的历史演变，为后人研究提供了翔实的历史资料。

《宝应图经》有清光绪九年（1883年）淮南书局刻本。2015年广陵书社出版《扬州文库》收录了该书的影印本。

三、淮河流域

16　清代　徐庭曾　《邗沟故道历代变迁图说》

今扬州运河上自清江浦引淮，下讫瓜州口入江，其间历清河、山阳、宝应、高邮、甘泉、江都六州县之地，均非邗沟故道。

——《邗沟故道历代变迁图说自序》

《邗沟故道历代变迁图说》，清徐庭曾著。徐庭曾，字庆孙，扬州甘泉（今扬州市）人，具体事迹不详。

《邗沟故道历代变迁图说》不分卷，前有光绪三十年（1904年）作者《自序》，后为图八幅，依次为《邗沟故道图》《邗沟初变图》《邗沟再变图》《邗沟

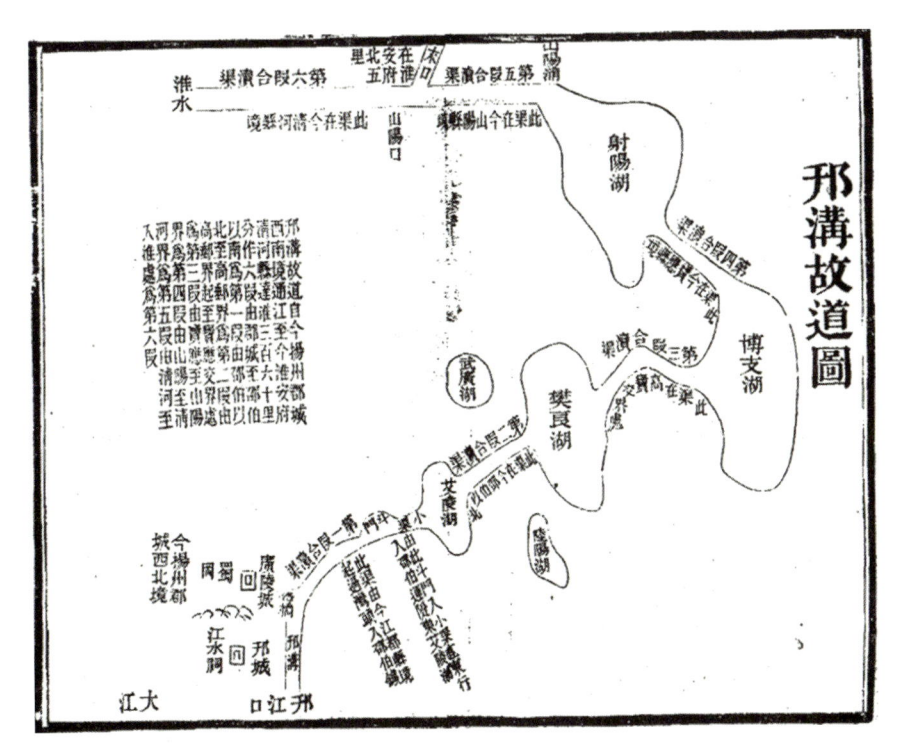

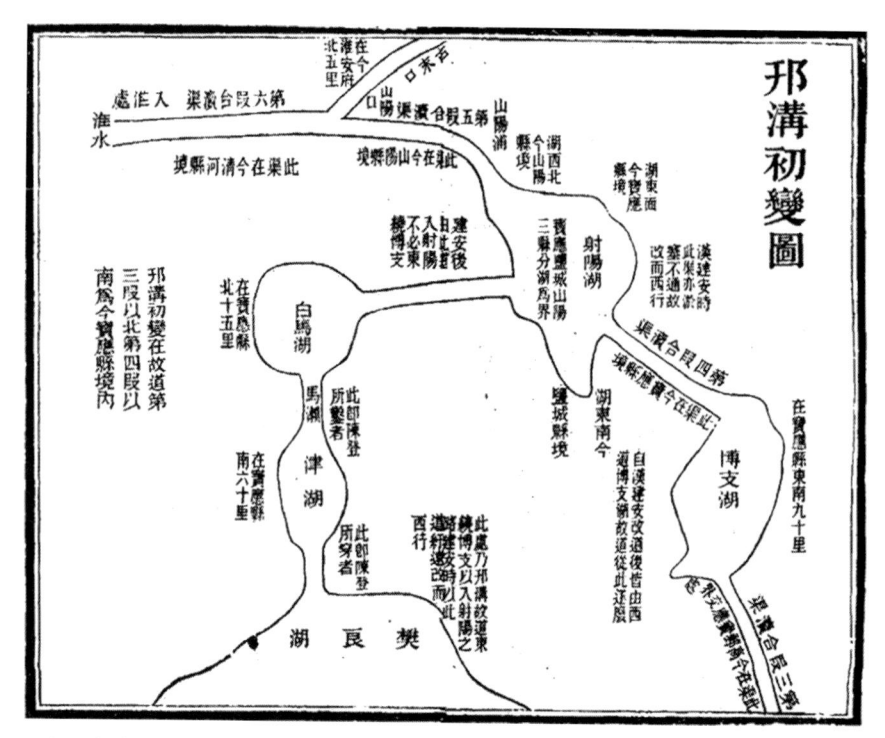

三变图》《邗沟四变图》《邗沟五变图》《邗沟六变图》《邗沟七变图》，并依次附《图说》一篇，考证了古邗沟从开凿至清代光绪年间的七次大的变迁。

《自序》以主客问答形式，指出"今扬州运河上自清江浦引淮，下讫瓜州口入江，其间历清河、山阳、宝应、高邮、甘泉、江都六州县之地，均非邗沟故道"，继而解释道："请先就江都境内言之。今瓜州运河，伊娄埭故道也，唐开元中始开之；七里沟运河，七里港故道也，唐宝历年间始开之；扬州城南运河，宋新河故道也，真宗天禧年间始开之。由此循运河而西，则为晋永和间所通欧阳埭故道也、明成化年间所开罗泗桥故道也。循运河而东，则为汉吴王濞所开茱萸湾故道、明陈瑄所开白塔河故道也。又由此循运河而北，则为明万历间所开邵伯月河故道也、弘治间所开高邮康济河故道也、洪武间所开槐楼月河故道也、万历间所开界首月河故道也、正德间所开宝应城南月河故道也、万历间所开宝应宏济河故道也。又由此而北，则沙河故道，宋乔维岳所开也；清江浦故道，明陈瑄所开也，此均与邗沟故道无涉。"于是"博稽古籍，证以今地，以今日运河为准，考历代以来邗沟变迁之大势，著图八，说附之"。

三、淮河流域

《邗沟故道图》中所展示的邗沟故道,即春秋时期吴王夫差于哀公九年(公元前486年)所开凿的、直至汉建安以前沟通江淮的运河。《图说》中将自扬州西南境江边至淮安府清江县达淮的三百六十里邗沟故道分为六段进行解析。作者还分别考证了邗、邗城、邗沟、邗江、广陵城、洛桥、邵伯、合渎渠等古今地名。

《邗沟初变图》中的"初变",指东汉建安时期邗沟故道在宝应县境内的初次变化。东汉后期,"射阳以南之水路不通,由樊良至博支,由博支至射阳,中间支渠不通,又以旧道纡远,故必须改道而西""后改东道为西道,凡由北而南者入夹耶,贯射阳西至白马湖,渡津湖入樊良,其由南而北者,出樊良湖西北入津湖,达白马湖,东贯射阳湖,西北出夹耶。此邗沟初变也"。《图说》还考证了白马湖、津湖和马濑的位置。

《邗沟再变图》描绘了西晋永和、兴宁时期,"江都水断而邗城下之故道变"。东晋永和年间,江都城下运河水源枯竭,邗沟不能通江,于是"渠水乃西流引欧阳埭之江水,入埭东北流以至广陵城",这便是邗沟故道第三次变化。作者又分别考证了汉江都城、欧阳埭和仪征运河的历史。

《邗沟四变图》描绘了刘宋时期,邗沟在故道第四段以北、第六段以南开新河,由射阳湖直达山阳浦,即"白马湖北中渎淤塞,而射阳湖、山阳浦之间当另开支河,始得由白马以达射阳。此邗沟四变也"。

《邗沟五变图》描绘了隋开皇时期,"隋文帝凿山阳渎以达射阳湖,而艾陵湖之故道变""自隋文帝开山阳渎,乃由茱萸湾至宜陵入江都山阳河,历樊汊入高邮山阳河、宝应山阳河以达射阳湖""此邗沟五变也"。《图说》还考证了茱萸湾、宜陵镇、江都山阳河,高邮山阳河等的地理位置。

《邗沟六变图》描绘了北宋太平兴国时期,因山阳湾水势湍急,运舟多覆溺,淮南转运副使乔惟岳"开故沙河以分山阳湾水势,而末口入淮之故道变""此邗沟六变也"。《图说》还考证了故沙河、山阳湾、末口、淮阴磨盘口的地理位置。

《邗沟七变图》指出了明永乐时期,"陈瑄凿清江浦,导水由管家湖入鸭陈口以达淮,而射阳湖之故道变"的原因是"明以前,运河皆由白马湖达射阳湖,乃至黄浦,因东绕射阳道纡十里,乃开清江浦,由清口引淮至乌沙河,汇管家、白马二湖,黄浦八浅及宝应槐角楼南诸湖相接,而运道遂由白马湖至黄浦达淮,不复由射阳矣"。《图说》还考证了清江浦、清口、黄浦八浅、槐角楼等的地理

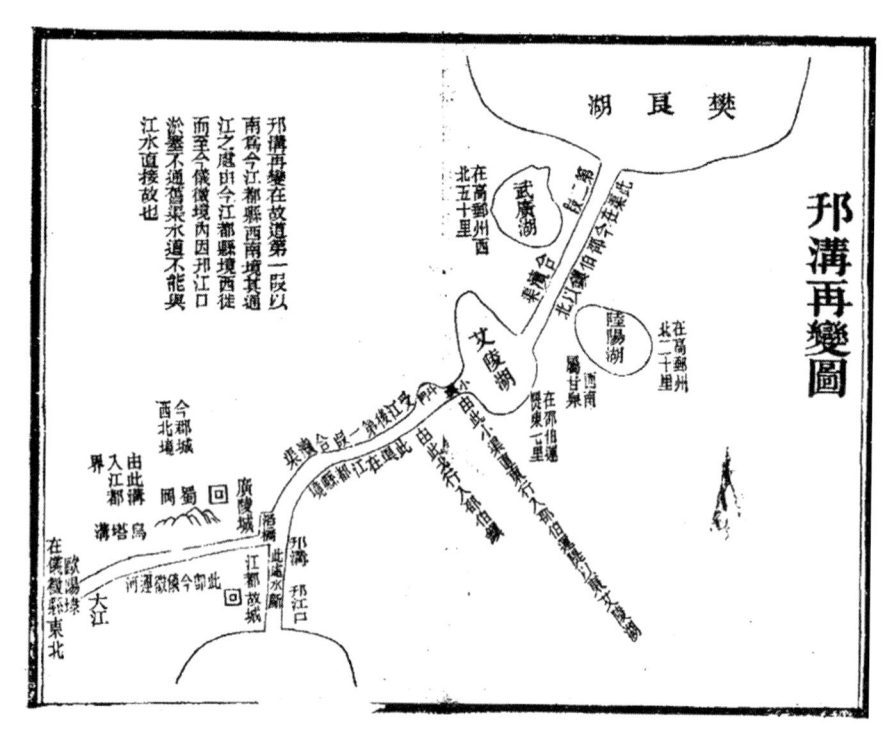

位置。

  《邗沟故道历代变迁图说》对春秋以来邗沟的变迁作了较为清晰的论述与考证，对了解邗沟的历代变迁有一定的参考价值。

  《邗沟故道历代变迁图说》有光绪三十年（1904年）刻本。2004年线装书局出版《中华山水志丛刊》收录该书影印本。

三、淮河流域

17　民国　赵邦彦　《淮阴县水利报告书》

> 淮邑近年以来禾稼迭被浸淹，收成每形歉薄。考厥原因，无非水利不兴，遂致地力未尽，影响所及，饥馑频仍，弱者死亡，强者盗贼。
> ——《详巡按使、道尹开浚潮洳以兴水利文》

《淮阴县水利报告书》，赵邦彦辑。赵邦彦（1871—1937），字芰常，又字渠裳、宴晦等，湖州府（今浙江湖州）人，清代最后一科、光绪二十九年（1903年）癸卯举人，曾任吉林省方正县知县、吉林省榆树县民国首任县知事，后任淮阴、江都、盐城知事县长。其人"性格强项，为官认真"，曾入其同族赵滨彦两淮盐运使幕，编有《民国盐政史两淮区初稿》一书。

淮阴县因古代县域在淮河南岸（水南为阴）而得名，是有2300余年历史的千年古县。其名称在历代多有变化，明清时期称清河县，隶属淮安府，其县治也因为受黄淮洪水影响而屡次变迁。乾隆二十六年（1761年），清河县治由今马头镇迁至清江浦（今淮安市清江浦区）。民国初年，废淮安府，清河县直属江苏省。民国三年（1914年），清河县因与河北省清河县同名，复称淮阴县，仍设治于清江浦。

自1855年黄河北徙以后，淮河下游地区水系紊乱，再加上洪涝灾害时常发生，赵邦彦在淮阴任知事时，所见已经是"索然无复生气"。之所以如此，不仅仅是"淮阴迭荐灾，亦苦无天然水利耳"的自然因素导致，还有水利不兴的社会因素——"淮邑近年以来禾稼迭被浸淹，收成每形歉薄。考厥原因，无非水利不兴，遂致地力未尽，影响所及，饥馑频仍，弱者死亡，强者盗贼"。于是赵邦彦自民国四年（1915年）至民国六年（1917年）期间，组织疏浚了全境五市二乡的河道，《淮阴县水利报告书》正是对此期间水利工程的客观记录。

《淮阴县水利报告书》不分卷，卷首有民国六年赵邦彦的《序》，以及赵邦彦个人照片，二市农会长王建功、警备队长王振鹏、四市农会长周德均、四市总董仲化南、二市总董黄作宾五人合影。正文有《文牍》八章，分别为《总文牍》《第一市》《第二市》《第三市》《第四市》《第五市》《马头乡》《老子山乡文牍》，以及《河渠表》《河渠图》《堤工表》《堤工图》《沟洫表》。

其中，《总文牍》收录了民国四年（1915年）十月至民国六年（1917年）九月的开浚河道公文，包括《详巡按使、道尹开浚沟洫以兴水利文》《通告开浚沟洫文》《通饬县市乡农会市乡董各保卫团总文》等 12 篇。《第一市文牍》收录了民国四年（1915 年）十一月至民国五年（1916 年）四月第一市开浚河道的公文，包括《批一市保卫第三、第四、第五、第十等团团总万士杰、朱湛霖、戚浚、丁启棠等详请疏浚护圩河并起土修圩文》《批一市保卫第七、八、九团团总王保发、程少芝、王橖等详陈窒碍情形文》等 9 篇。《第二市文牍》收录了民国四年（1915 年）十二月至民国六年（1917 年）三月第二市开浚河道的公文，包括《委任筹办水利各员文》《委任段董文》《添委筹办水利各员文》等 9 篇。《第三市文牍》收录了民国四年（1915 年）十月至民国五年（1916 年）三月第三市开浚河道的公文，包括《批县农会详据三市士民左维荧等公请修浚沟渠文》《饬委三市开浚沟洫段董文》等 6 篇。《第四市文牍》收录了民国四年（1915 年）十一月至民国六年（1917 年）二月第四市开浚河道的公文，包括《批四市农会长周德均市董仲绍、周捐、董王蔚德等详请谕饬各董分段办理文》《批四市农会长周德均等估计新桥便民分河工程请派员督工文》《委警备队队官王振鹏为河工查察员》等 20 篇。《第五市文牍》收录了民国四年（1915 年）九月至民国五年（1916 年）十一月第五市开浚河道的公文，包括《详巡按使、财政厅拨款兴修六塘河堤工文》《委孙绅照寰李署员联甲勘占驻办员文》《批公民吴宗善等禀文》等 8 篇。《马头乡文牍》收录了民国四年（1915 年）十一月至民国五年（1916 年）四月马头乡开浚河道的公文，包括《批马头乡保卫第七团团总朱钟灵详请挑深黄运堤根长沟并请估修泗阳溃堤文》《详道尹请饬堤工事务所估修泗阳溃堤文》《通告马头乡二、六两团农佃无得阻挠文》等 8 篇。《老子山乡文牍》收录了民国四年（1915 年）十月《批老子山乡农会长韩祚明详请修浚官圩沟文》，民国五年（1916 年）六月《饬委员赵永升验收官圩沟工程文》，民国五年（1916 年）一月《批老子山乡董毕、万基详为该乡涧东、涧西分别筹办文》3 篇。

《河渠表》介绍了各段河道的所在地址、名称、源流、工程、经费、利益、承办人，以及备考。《河渠图》以每方格四方里的比例，绘制了每条河道的详细情况。《堤工表》介绍了每段堤工的所在地址、名称、形势、工程、经费、利益、承办人，以及备考。《堤工图》以每方格四方里的比例，绘制了堤工的详细情况。《沟洫表》从所处地址、开沟数、填道数、业农户数、开沟户数、董率人、备考等方面详细介绍了各市沟渠开浚情况。

《淮阴县水利报告书》有民国铅印本。2020 年中国水利水电出版社出版的《中国水利史典（二期）·淮河卷二》收录王飞的整理点校本。

18　民国　武同举　《淮系年表全编》

> 表以编年为纲，事类为目。分水患、水利两栏，其不必强分者，则沟为通栏。关于区域及性质之划分，并丽以不同式之标记，厘然各从其汇。其他无可属，而于水道利病为别见者，标记缺焉。
>
> ——《淮系年表全编·叙例》

《淮系年表全编》，武同举撰。武同举（1871—1944），字霞峰，晚号两轩、一尘，海州（今连云港市）灌云县南城镇人。清末举人，曾任海州直隶州通判。中华民国建立后，曾任《江苏水利协会杂志》主编、国民政府江苏水利署主任、河海工科大学水利史教授、江苏建设厅第二科科长等职。武同举是晚清至民国著名的水利学专家，也是我国最早研究沂、沭、泗水利问题的专家。

《淮系年表全编》成书于民国十七年（1928年）。自清咸丰五年（1855年）黄河北徙之后，黄河带来的泥沙淤积在淮河流域，导致淮河入海受阻，入江不畅，水患日益加剧。民国五年（1916年）、民国十年（1921年）淮河流域两次大水，苏北地区受灾严重，于是有识之士纷纷倡言"导淮"。为了系统研究"流域四千年以来干支各水道之利病及其变迁沿革"，武同举提出"治水计划不可无系统，谈水史亦当具有系统之眼光"（《淮系年表全编叙例》），他"读《禹贡》《水经注》《郡国利病书》《方舆纪要》《禹贡锥指》《水道提纲》《行水金鉴》《南河成案》及明刘天和、万恭、潘季驯，清靳辅、张鹏翮、张伯行、康基田、刘文淇等所著书，凡关于淮水流域中水道利病，随手摭拾，编年存录，企谋水学之有系统"（《淮系年表全编叙例》），于是撰成《淮系年表全编》。

《淮系年表全编》共四册，按照《易经》乾卦的卦辞"元、亨、利、贞"为序。书中内容分为《图集》《年表》《岁纪编》《水道编》。其中《年表》共十四章，用编年体体例记录了淮河流域发生的重大水利事件，时间上起唐、虞、夏、商，下至清宣统三年，共四千余年。

第一册"元"编中收录了《叙例》；《淮系全图》一幅；《淮系历史总图》十四幅；《淮系历史分图》八十幅，分别为淮水二十幅、黄河二十四幅、运河三十六幅；《淮系现势测图》四十五幅，分别为淮水十六幅、黄河十二幅、运河八幅、海岸九幅，以及《淮系年表一》，唐虞、夏、商、周、秦；《淮系年表二》，汉、魏；《淮系年表三》，两晋、南北朝及隋；《淮系年表四》，唐及五季。

第二册"亨"编，收录了《淮系年表五》，宋一（太祖至钦宗）；《淮系年表六》，宋二（高宗至帝昺）；《淮系年表七》，元；《淮系年表八》，明一（洪武、建文、永乐、宣德、正统、景泰、天顺、成化）；《淮系年表九》，明二（弘治、正德、嘉靖）；《淮系年表十》，明三（隆庆、万历、天启、崇祯）。

第三册"利"编，收录了《淮系年表十一》，清一（顺治、康熙、雍正）；《淮系年表十二》，清二（乾隆）；《淮系年表十三》，清三（嘉庆、道光）；《淮系年表十四》，清四（咸丰、同治、光绪、宣统），以及《淮系年表·岁纪编》，介绍了"大禹治水始于帝尧，七十三载。舜摄政之年历八年，当帝尧八十载，治水功成。兹编自唐尧起，迄于清宣统帝，凡四千余年"。

第四册"贞"编，收录了《淮系年表·水道编》，分为十段。第一段自胎簪山至桐柏县城，第二段自桐柏县城至长台关，第三段自长台关至息县城，第四段自息县城至三河尖，第五段自三河尖至正阳关，第六段自正阳关至蚌埠，第七段自蚌埠至五河县城，第八段自五河县城至盱眙县治，第九段自盱眙县治

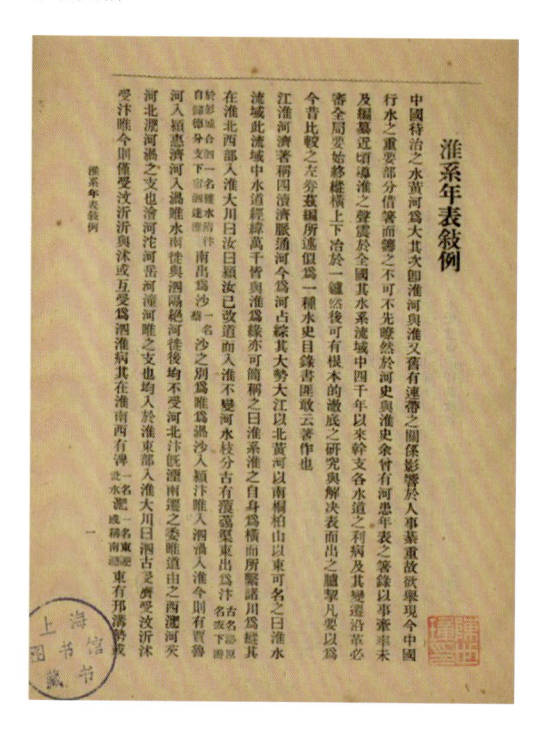

至里运河口，第十段自里运河口至旧黄河海口。《淮系年表·水道编》以淮河水道为主线，以入淮水口及沿淮重要集镇为点，详细记述了支流流经地段的自然状况及历史变迁。

《淮系年表》是研究淮河历史的重要参考资料。

《淮系年表全编》有民国十八年（1929 年）铅印本。2015 年中国水利水电出版社《中国水利史典·淮河卷一》收录柯锐、周权的整理点校本。

三、淮河流域

19　民国　胡瀫　《扬州水利图说》

扬州之利在江、淮，而其害亦在江、淮。

——《扬州山川概论》

《扬州水利图说》，胡瀫撰。胡瀫（1877—1971），字滋甫，一字行，扬州府（今江苏扬州）人。出生于操缦世家，父鉴，精于琴艺。胡滋甫所学曲操甚富，几乎囊括广陵琴操精粹之曲。曾随孙绍陶创建广陵琴社，切磋技艺，教授生徒。民国年间，曾捐资修缮湾头至瓦窑铺纤道，并在湾头水险区创办预防水险团。著有《琴心说》《道德经贯言录》《扬州水利》等。

《扬州水利图说》分上、下两卷，卷首有作者自序。上卷收录了《扬州山川概论》《近湖水利》《圩田水利》《山田水利》。下卷收录了《江都山涧源流》《陂塘水利》《市河水利》《瓦窑铺至湾头镇纤道》。其中，作者自序通过描写"昆仑山脉东出三大干",引用《禹贡》"淮海维扬州",介绍了扬州所处的山川地理环境,进而指出"扬州自古为泽国也"。并介绍了作者写本书是由于"余幼,家于水乡,频遭水患,波涛万顷,村同舟筏,人侣鱼虾,其不没于洪波巨浪中者,几希矣",待到十余岁,"随侍读书,每留心形势,实地调查,考察源委,审度去来,展阅水利等书,征诸古人成绩""酌古准今,揣摩计画,冀除家乡害,偿幼时愿"。

卷上《扬州山川概论》介绍了扬州的山川环境,即"扬州为古九州之一,南临长江,北滨大湖""至冶山起,祖横山作宗,高岗平衍",正因为扬州处于长江、淮河之间,故而"扬州之利在江、淮,而其害亦在江、淮"。又因为扬州有纵横的山丘,造成扬州既有易于泛滥的低洼地带,又有"不忧涝而忧旱"的山区。《近湖水利》介绍了民国十年(1921年)、民国二十年(1931年)大水,"人民逐波臣、葬鱼腹者,更难以数计,只近高阜有舟船及登屋攀树,幸免于难"的人间惨象,并讨论了扬州水灾的根源在于淮河、洪泽湖洪水入江之路不畅,以及作为洪水走廊的下河地区,民生与洪水的冲突。《圩田水利》介绍了滨湖与临江地区筑圩的方式,如"故建设之初,放收分留余地""在受溜之处筑矶嘴伸出,挑溜外驶""于堤外隙地遍植芦苇间以笆斗柳""若平时里港之水可放于外河者则放之,不可放者则协力车出""用机器打水"等"不可不预为之计"

三、淮河流域

> 扬州山川概论
>
> 扬州为古九州之一,南临长江,北滨大湖,其地脉自西蜀来,千峰万巘,摆脱前趋,至冶山起,祖极山作宗。高冈平衍,蜿蜒东行,本身节节委蛇,闲闲枝枝缠结。八十里至蜀冈迤逦,落平阳马迹,同舞鹞,枝灰线钟灵毓秀,蚴蟉结幽,临水开睁形,同舞鹞,扬州遂城于是冈,所以有鹤城之名也。江潮由南而逆上,统于城,北以连湖淮水,由北而顺下,统于城,南以注江源,流长江淮,汇合言山言,水牛斗之遗无二壤,也按嵩崙出乎震之脉,南江北河,夹送东来,凡分派於南者,
>
> 卷上 四
>
> 远则均尽於江,分派於北者,逸则均尽於河,其间之短支尽湖尽大川,尽溪涧者,无论矣,即最长最逸者较之均无若扬州之脉之长且逸也。扬州其中幹之盡結,夫言水利也,何以言山,要知山之所,行山所止,即水所止,山有千支,万派分出於各方,水亦有千支万派分出於各方,山之间必有一水水,所停必有一山,水所聚乃山所停,古人之言水者必曰山,
>
> 某水出自某山,职是故也扬州之利在江,淮而其害亦在江,淮每当涝年,连绵霪雨,东风肆狂,江潮陡涨,湖溜下令滨江,

五条,并讨论了"滨湖之区与临江之域"的水利情况,又以民国二十年(1931年)大水为例,谈论了扬州水利的治理。《山田水利》论述了"开塘、浚塘、筑坝、理涧"对于山田水利的重要性。

卷下《江都山涧源流》介绍了江都所属地区的山涧源流,并指出对于该地区的水利治理,"必奉天之时,因地之利,不使有用之利源放弃无收,筑闸坝、设陂塘,顺其形势,法制无差,则水聚有余,灌田无缺,虽旱年亦无荒歉之虞"。《陂塘水利》介绍了扬州五塘——小新塘、上雷塘、下雷塘、句陈塘、陈公塘的历史沿革,指出"不独五塘之制宜复,凡大冲大涧仿塘制以蓄水,山田均无旱可忧"。《市河水利》介绍了扬州市河的河道状况与疏浚历史,并提出要疏通市河,"浅者浚以深之,狭者开以阔之,无闸者重建以新之,凤凰桥下之坝及电灯厂所筑之坝决以去之"。《瓦窑铺至湾头镇纤道》介绍了瓦窑铺至湾头镇纤道,针对该段"每当湖水涨漫,开放北坝时,势同奔马,行船往来,动遭倾覆,虽有救生船只,往往仓皇不能为力",提出"设立预防水险团",以及"补助识见""补助绳索""备船一只,船夫二名,连岸上之夫兵四名,遇船将险,即共同抢救"等措施。

《扬州水利图说》有民国三十三年(1944年)初稿,1959年抄本。2020年中国水利水电出版社出版的《中国水利史典(二期)·淮河卷二》收录蔡磊的整理点校本。

20　民国　胡焕庸　《两淮水利》

　　淮域水灾，影响数千万人之生命财产，抗战期间，黄河又复夺淮南行，因而灾况益为严重，胜利以来，经两年之努力，黄河虽已重回利津原道，而淮河本身，病态依然；淮水一日不治，即两淮人民，一日不能安枕。本书内容，重在实况与病理之叙述，至于施工整治，尚在政府与人民之共同努力耳。

——《两淮水利·序》

　　《两淮水利》，胡焕庸著。胡焕庸（1901—1998），字肖堂，江苏宜兴人，地理学家、地理教育家，中国地理学会的发起人和首届理事，中国现代人文地理学和自然地理学的重要奠基人。

　　《两淮水利》是《两淮水利盐垦实录》的重新整理之作，作者在序中说道："民国二十三年暑期，中央大学地理系组织两淮考察队，赴江苏江北淮、扬、徐、海、通各属考察，刊有《两淮水利盐垦实录》报告行世；十余年来，原书绝版,而各方需求仍殷,因析为两册,重付刊印。"

《两淮水利》有十六章,前有《序》,后有附录《连云港述略》。第一章为《概说》,论述了"淮河为害之原因""江南江北之不同""淮南淮北之分别""淮南水利概况""淮北水利概况"。第二章为《地形与水利区域》,论述了"淮为江之附庸""淮河流域""淮域地形""淮北地形与水流""淤黄伟分水岭脊""淮南地形与水流""两淮水利区域"。第三章为《气象与水文》,论述了"季风气候""热雷雨""地形雨""气旋雨""台风之影响""淮域雨量""各月雨量分配""历年雨量变化""水文与雨量关系""水位各月变化""流量各月变化""历年洪水变化""最大流量"。第四章为《沭河与蔷薇河》,论述了"沭河干流""沭河支流""河身降度""流量大于容量""暴涨暴落""淤塞与疏导"。第五章为《沂河六塘与灌河》,论述了"沂河水系""沂运关系""沂运流量""沂沭关系""六塘河之重要""六塘河之疏浚""沂河之治导""灌河之重要"。六为《微山湖与中运》,设有"鲁境运河""微山湖""中运与微山湖""八闸""中运与沂水""不牢河""中运与六塘盐河""中运水患""中运流量"。第七章为《盐河与临洪》,论述了"盐河""五河六坝""盐河腰软""盐河航运""盐河水系""临洪口"。第八章为《淤黄》,论述了"淤黄之由来""淤黄之形势""淤黄之高度""成灾之原因""堤防失修""黄河尖""引河"。第九章为《淮河与洪湖》,论述了"淮源""支流""中游形势""淮域面积""淮河水文""受灾面积""洪泽湖之成因""洪湖大堤""洪堤增修""洪堤高宽""三河坝""三河与张福河""三河坝之管理与改建"。第十章为《清江附近之河道》,论述了"清江为诸河之交点""清江附近诸河""'之'字河""淤黄与淮运""运河四闸""淮阴船闸""盐河与船闸"。第十一章为《里运与高宝诸湖》,论述了"里运特性""里运高度""洪湖与河坝""高宝湖之面积""高宝湖之水源""三河与宝应""里运与高宝""里运东堤""运东地势""运东坝闸"。第十二章为《归江十坝》,论述了"淮水入江之始""归江十坝""通扬运河诸闸""金湾河""太平河""凤凰河与新河""芒稻等四河""沙头河与三江营""十坝金门与泄量""十坝之启闭"。第十三章为《归海五坝》,论述了"运为淮所病""清初建五坝""下河之受灾""三坝金门与泄量""三坝之启闭""上下游之争执"。第十四章为《下河水道》,论述了"下河之名义""下河之形势""下河如釜底""通扬运河""北澄子河""子婴河""兴化附近诸河""泾河与射阳""运堤洞闸""归海干流与下河灾情"。第十五章为《串场河与归海诸港》,论述了"串场河为众水所归""归海三港""串场河诸闸""王港与竹港""斗龙港""新洋港""射阳河""范公堤""下河面积与灾区""三港容量与泄量"。第十六章为《各种导淮计划评议》,论述了"导淮之急需""各种导淮计划""导淮会入江计划""淮水分入江海流量""导淮会入海计划""淮水必须有出路""入海入江之争""江海分疏计划""江海工程先后""先办入海之非""先办运之非""入海路线比较""采用淤黄之利弊""淮北各路不可用""淮南入海之道""靳辅旧议""乔莱抗议之非""下河入海各议""淤黄与下河各线比较",并作出"结论"。附录为《连云港述略》,论述了"辟港简史""位置及形势""气象""地质与水文""筑港计划之检讨""现行工程之实况""连云市",并作出"结论"。

《两淮水利》有民国三十六年(1947年)正中书局本。

四、沂沭泗水系

1　明代　冯世雍　《吕梁洪志》

  明时运道，自徐州溯吕梁洪入济，设洪夫以牵绕。岁命工部属官一员董其事，谓之吕梁分司。世雍尝领其职，因述前后建置始末，及官署、祠庙、历任姓氏，以成斯志。凡八篇，篇首各有序，末复系以赞语。
——《四库全书总目提要》

  《吕梁洪志》，明冯世雍撰。冯世雍，明湖广江夏（今湖北武昌）人，字子和，号三石。嘉靖二年（1523年）进士，授工部主事，后迁吏部郎中，又出任杭州知府。嘉靖十四年（1535年）任徽州府知府。

  吕梁洪，在今江苏铜山县东南吕梁山下古泗水（今废黄河）中。洪，是方言，石阻河流曰洪。吕梁洪因处在古吕城南，且水中有石梁，故名。《水经注》卷二十五记载："泗水之上有石梁焉，故曰吕梁也。……悬涛濌奔，实为泗险，孔子所谓鱼鳖不能游。又云悬水三十仞，流沫九十里。"东晋太元九年（384年），

四、沂沭泗水系

谢玄攻苻坚，既平兖州，患水道险涩，粮运艰阻，遂堰吕梁水，树栅，立埭，以利漕运。

泗水是古代重要的水运通道，在徐州城东北与西来的汴水相会后继续向东南流出徐州。其间因受两侧山地所限，河道狭窄，形成了秦梁洪、徐州洪、吕梁洪三处急流，合称徐州三洪，又称古泗三洪，有"三洪之险闻于天下"之说。明代定都北京之后，京城的粮食主要依靠南方，每年需要用漕船运输漕粮 400 余万石到北方。在泇河开通以前，微山湖及以下的航道要利用泗水古道（即黄河），于是徐州以南泗水（黄河）中的徐州洪和吕梁洪成为南北漕运通道上的主要障碍。永乐十二年（1414 年），陈瑄整治徐、吕二洪，凿除洪中礁石，洪口建闸，便利通航。到隆庆、万历年间，自微山湖畔韩庄经枣庄至江苏邳州直河口开成泇（运）河，河运才避开了黄河之险。

为保证漕运的畅通，明王朝设立了工部下属的吕梁分司来进行管理。冯世雍即是嘉靖五年（1526 年）的吕梁洪工部分司主事，《吕梁洪志》也是他任职期间所编撰。该书记载了吕梁的历史古迹、山川风物、官署祠庙等。

《吕梁洪志》不分卷，共八篇，后散佚，现行本为明代嘉靖年间吴郡袁褧嘉趣堂所刻《金声玉振集》本，仅有《山川》《公署》《官师》《夫役》《漕渠》《祠宇》六篇。每篇的篇首有序言，篇末有赞语。其中，《山川》叙述了吕梁洪的地理位置，吕梁洪之险要，以及吕梁山、泉源、城池，并从军事地理的角度，

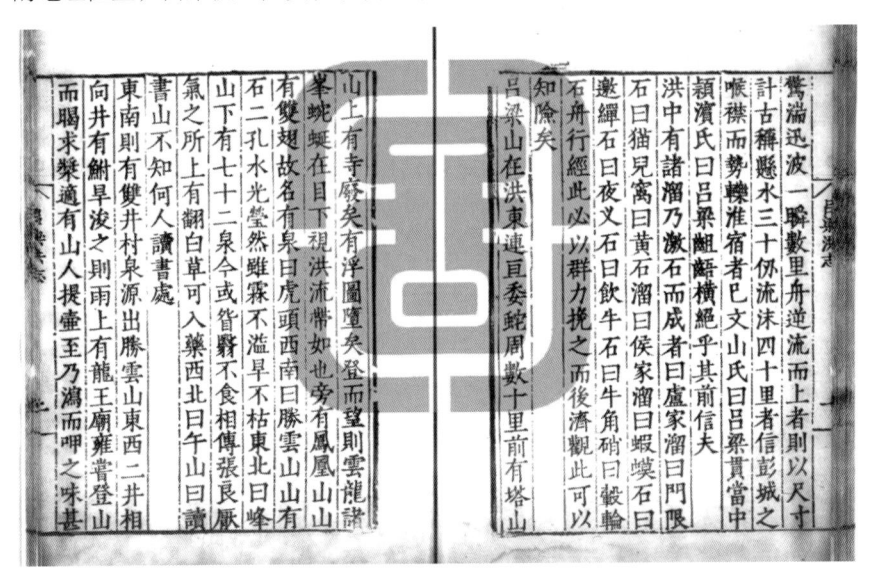

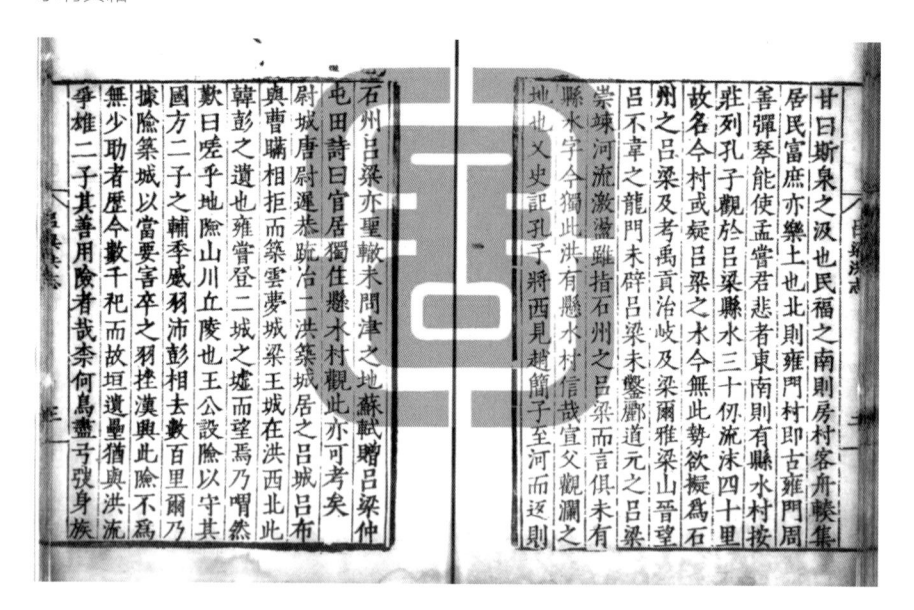

论述了"吕梁山水虽不及今之一乡，而险阻控持，环引上下则隐然有虎豹重关之势"的显要位置。《公署》介绍了吕梁洪分司的设置情形，官署的规模，吕梁洪上、下闸，巡检司、税课局、夫厂、砖厂、药局等机构的设置，并介绍了吕梁书院、新桥、裕泉亭、居家桥、王公集、费公集、龙兴集等周边情形，以及吕梁洪诸堤之修筑事宜等。《官师》记载了明永乐以后历任吕梁分司主事姓名及其籍贯。《夫役》记载了洪夫、稍水的具体人数、薪酬，并强调了洪夫与代役的重要性。《漕渠》记载了漕运物资的种类，过洪漕船的数量、名称等具体情况，江东民运白粮船只的具体情况，以及海运、陆运、兑运、长运等变迁情况。《祠宇》记载关尉庙、天妃庙、金龙庙等水神的庙宇、祠堂。

《吕梁洪志》刊于明代嘉靖初年，后渐散佚。明代嘉靖年间吴郡袁褧将《吕梁洪志》采摘六篇，收入《金声玉振集》，是目前通行本。该书被收入《四库全书存目丛书》和《丛书集成续编》。

2 民国 谈礼成 《淮沂泗图说摘要》

  溯自黄河夺淮，南漕北运，江北河工遂为历史上一大纪念。治河诸书如《行水金鉴》《南河成案》，详悉无遗。其散见于志书及其他种纪载者，卷帙浩繁，可为富矣。惟曩者详于说而略于图，方位之不确，比例之互异，当时身历其境者，或不难按图而索，千百年后，定点难求，沧桑又变，虽悉心比对，而证甲误乙，疑窦难消，千里毫厘，犹有遗憾！

——《淮沂泗图说摘要·绪言》

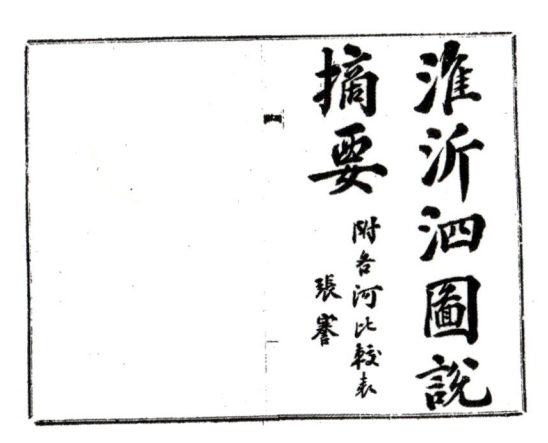

  《淮沂泗图说摘要》，民国谈礼成撰。谈礼成，生平事迹不详，民国五年（1916年）与沈秉璜同制《江北运河水利及淮泗沂沭利害关系图》，著有文章几篇。

  《淮沂泗图说摘要》是谈礼成为了消除传统治水书籍"详于说而略于图，方位之不确，比例之互异"造成的"千百年后，定点难求，沧桑又变，虽悉心比对，而证甲误乙，疑窦难消，千里毫厘，犹有遗憾"所作。

  《淮沂泗图说摘要》不分卷，书前有《绪言》《凡例》，全书有废黄河（海口至宿迁城）、运河（瓜洲至滩上集）、六闸以下至三江营各河、高宝湖、洪泽湖、淮河（盱眙至五河）、张福河（码头至洪湖）、盐河（新浦至双金闸）、灌河（海

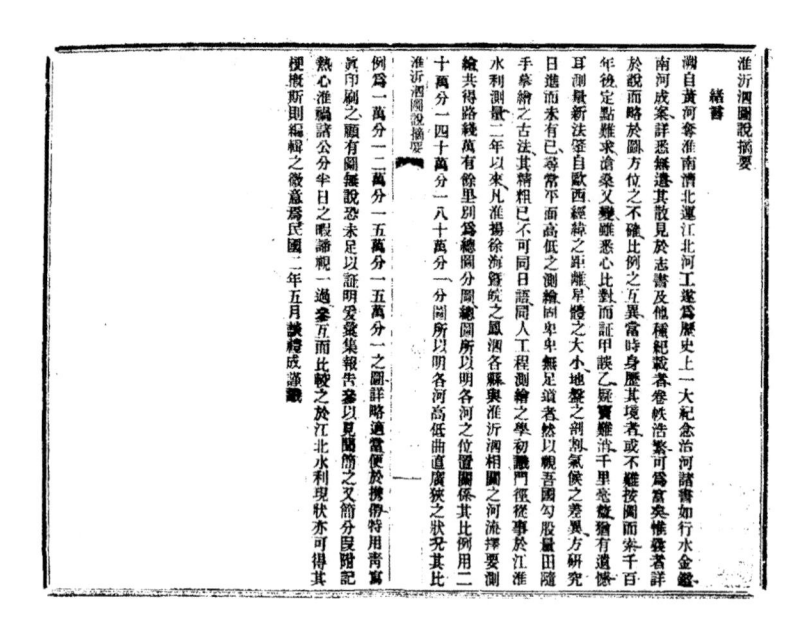

口至武障龙沟口)、南六塘河(武障口至三岔口)、北六塘河(龙沟口至三岔口)、总六塘河(三岔口至骆马湖)、骆马湖、沂水、不牢河(运河至蔺坝)、蔷薇河(沙头至青伊湖)、砂疆河(乱石工至蒋闸口)、沭河(柴米河至大沙河)、官田河(沭河至港河)、射阳湖、大纵湖、射阳河(海口至泾河闸)、建港沟(南洋镇至西阳村)、车路河(斗龙港口至车逻坝)、归仁堤各河等篇章。又有《各河比较表》19张,分别为:废黄河各段高低比较表、运河各段高低比较表、车路河各段高低比较表、射阳河各段高低比较表、盐河各段高低比较表、大沙蔷薇河各段高低比较表、六塘河各段高低比较表、淮河各段高低比较表、各河上下游高低比较表、各河下游与废黄河下游各段高低比较表、各干河及湖面积容量表、废黄河各段里数表、运河各段里数表、车路河各段里数表、射阳河各段里数表、盐河各段里数表、大沙蔷薇河各段里数表、六塘河各段里数表、淮河各段里数表。

《淮沂泗图说摘要》所绘之图基于科学勘测,总图比例为200000∶1,400000∶1,800000∶1;分图比例为10000∶1,20000∶1,50000∶1。这些绘图及比较数据,为研究近代苏北地区水利提供了重要的参考史料。

《淮沂泗图说摘要》有民国二年(1913年)铅印本。2004年线装书局出版《中华山水志丛刊》收录该书影印本。

五、综合

1　元代　任仁发　《水利集》

《录》中所载治水之法，其要有三：一曰浚江河以泄水；二曰筑堤岸以障水；三曰置闸窦以限水。时其疏浚，不至于湮塞；固其堤防，不至于坍溃；谨其启闭，不至于失时。三者不可偏废，三者俱备，治水之能事毕矣。舍此三者而言治水，吾未之信也。

——赵孟頫《水利集·跋》

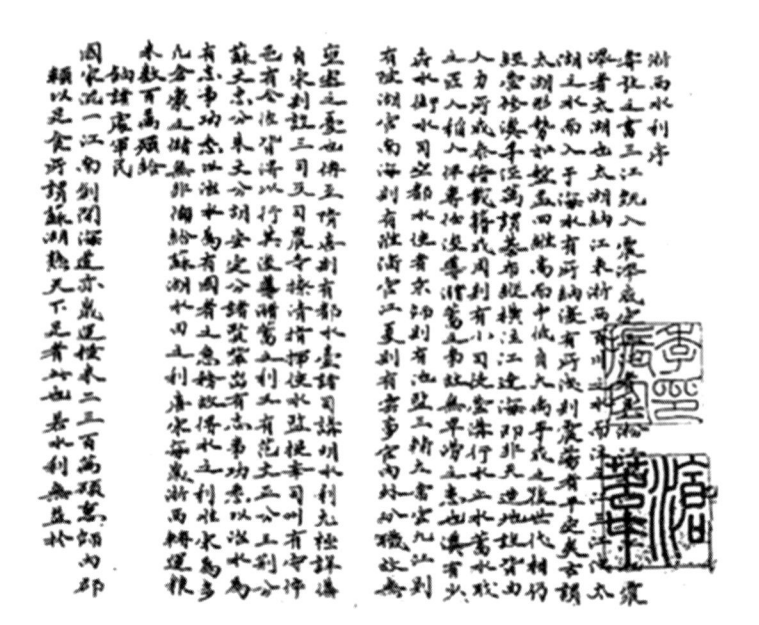

《水利集》，又称《水利书》《水利文集》《浙西水利集》《浙西水利议答录》等，元代任仁发撰。任仁发，字子明，号月山道人，生于南宋宝祐二年（1254年），世居青龙镇（今属上海市青浦区白鹤镇）。父亲任珣，曾任高邮知府。任仁发自幼勤奋好学，南宋咸淳八年（1272年）考中举人。宋元鼎革之后，元至元十六年（1279年）前后，任仁发以南宋举人的身份，自持名刺往见时任中奉大夫、浙西道宣慰使的游显,被任命为幕府中的宣慰掾,此后先后任青龙逻官、海道副千户、正千户、海船上千户。元成宗大德八年(1304年)升都水监丞。武宗至大元年(1308年)除同知嘉兴,二年升中尚院判官,因治大都通惠河有功升任都水少监。

任仁发对家乡的水利治理十分关注,他根据自己多年的调查研究和工作实践著成《水利集》。该书始作于大德八年(1304年),定稿于泰定三年(1326年)。书中大多数内容是他主持疏浚吴淞江工程受阻所作,少数为记述泰定元年(1324年)至三年(1326年)间治理太湖流域水利的经验。

《水利集》共十卷,卷首有任仁发自序,以及赵孟𫖯和许约二人的跋语。卷一为政府诏令,收录了元代大德二年(1298年)设立都水庸田司及其管理范围,大德八年(1304年)设立行都水监及其管理范围,以及开挑吴淞江等工程的公文。卷二为《水利问答》,是最初成书的部分,也是全书的核心内容。在《水利问答》中,任仁发自设二十个问题,详细阐述了治理浙西水利的观点和方法,有力回击了对行都水监的种种诽谤。卷三辑录了《尧典》《大禹谟》《益稷》《禹贡》《周礼》中治理水利的相关内容,以及至元二十八年(1291年)到至元三十年(1293年)治理浙西水利的各种上书、奏议、政府下发的公文,以及书序、杂文等。卷四主要是大德八年(1304年)至大德十年(1306年)开挑吴淞江的奏议和公文。卷五主要是大德十一年(1307年)到至大二年(1309年)间疏浚吴淞江以及行都水监上书的公文和奏章。卷六辑录前代浙西水利的议论和奏章,如范仲淹《言江南圩田并疏导太湖、吴淞江疏》《言吴中水利水害》,赵子潚、蒋璨视察昆山、常熟水利的报告,并抄录了范成大《吴郡志》中有关郏亶、郏侨的相关文章。卷七亦是有关宋代浙西水利的辑录,如苏轼进单锷《吴中水利书》,北宋政和年间（1111—1118年）赵霖视察浙西水利的报告，以及《宋会要》中水利的部分内容，卷后还收录了浙西切要河港的情形。卷八主要是元至元三十一年（1294年）、元贞二年（1296年）、大德二年（1298年）、大德三年（1299年）、大德九年（1305年）、大德十年（1306年）和大德十一年（1307年）有关浙西水利的奏议和公文。卷九为《稽古论》，主要是宋代的浙西水利内容，以及杨万里的《圩丁词》《圩田》，韩元吉的《永丰行》等诗歌。卷十为《营造法式》，有定方圆平直、取径围、造石闸等方法。

《水利集》今存有明抄本（藏于上海师范大学图书馆），清代编纂《四库全书》时列入存目丛书，2015年中国水利水电出版社《中国水利史典·太湖及东南卷一》收录卢康华的整理点校本。

2 明代 席书 《漕船志》

我国家漕运之详矣。斯志所载,为类不一,乃独揭"漕船"以名之,何与？志所先也,亦犹《周官》大司马掌九伐之法,而官以马名,非马之外无所事也。
——蔡昂《重修清江漕船志叙》

《漕船志》,因所记以清江船厂为主,所以又名《清江漕船志》,明代席书编,后经丁瓒、邵经济、朱家相等人增修。席书(1461—1527),字文同,遂宁(今四川遂宁)人,弘治三年(1490年)进士,授郯县(今山东郯城县北)知县。入朝为工部主事,移户部,进员外郎。武宗时,历河南按察司佥事、贵州提学副使,屡迁福建左布政使,寻以右副都御史巡抚湖广,嘉靖元年(1522年)改南京兵部右侍郎,以"议大礼"迁礼部尚书,兼武英殿大学士。弘治十一年(1498年)至弘治十四年(1501年),席书任工部都水司主事,分司清江船厂,其间编次《漕船志》。丁瓒,字敬夫,直隶丹徒(今江苏丹徒)人,进士,历官按察司副使。正德十五年(1520年)至嘉靖元年(1522年),任工部都水司主事,"来视厂事,以志迄弘治辛酉(十四年,1501年),而近事或阙如也,乃重加修订"。

邵经济，字仲才，仁和（今浙江杭州）人，进士，历官知府，嘉靖九年（1530年）任工部都水司主事分司清江船厂，嘉靖十一年（1532年）作志补。朱家相，字伯邻，号南川子，归德（今河南商丘）人，嘉靖十七年（1538年）进士，嘉靖二十二年（1543年）任工部都水司主事，"来莅厂事，复增修焉"（潘埙《增修清江漕船志叙》）。

清江船厂，又名清江督造船厂，专门制造负责漕运的漕船，厂址位于淮安府山阳（今江苏省淮安市淮安区）、清河（今清江浦区与淮阴区）二县之间的运河沿岸。据史料记载，其总厂在今淮安市中心有名的清江闸一带，下设京卫、卫河、中都、直隶四个大厂，共八十个分厂，厂区沿运河绵延达23里。

明初实行漕粮海运和河运并举，于是运输漕粮的船有海船和内河浅船两种，"洪武三十年，议海运辽东以给军饷。是时河海运船俱派造川湖诸省及龙江提举司"。永乐七年（1409年），于淮安、临清建清江、卫河二厂，"南京直隶、江西、湖广、浙江各总里河浅船俱造于清江，遮洋海船并山东、北直隶三总浅船俱造于卫河，大约造于清江者视卫河多十之七"。罢海运后主要使用的是内河浅船，嘉靖三年（1524年），卫河厂裁革，二厂遂合并为一，总称为清河船厂。总管理机构设在原清江厂，各地分厂概由其统属。

《漕船志》共八卷，分为"建置""奉使""船纪""料额""公署""官署""人役""法例""兴革""艺文"十类。其中，卷一为《建置》，详细记录了清江漕船厂的厂地、草场、闸坝情况；卷二为《奉使》，记载督理清江漕船厂的官员设置原委及任免、赴任程序；卷三为《船纪》，包括船数、船式、船号、船等、船限等；卷四为《料额》，记载了明初漕船派造于诸省及各提举司的情况，船料及船价银的征派、来源情况，以及船料及船价的变化所带来的影响；卷五为《公署》《官署》《人役》，其中《公署》记载了工部厂、工部分司、抽分厂、提举司、清江造船总厂、卫河造船总厂、清江书舍、清江义学等的设置，《官署》则介绍了管理人员的设置，《人役》则记载了书办、算手、农民、门子、老人、阴阳生、皂隶、巡拦、军余、水手、船头、总小甲等具体工作人员；卷六为《法例》，收录了永乐六年（1408年）至嘉靖二十二年（1543年），漕船、运军、船料、船价、人匠银等方面的漕运政策；卷七为《兴革》，收录了一些具体事例，并附涉及漕船的禁约，展示了明朝政府整顿漕政、兴利除弊的措施的演变；卷八为《艺文》，收录了与清江船厂相关的诗文，如《清江船厂记》《清江厂题名记》《重修清江漕船志序》《重修工部厂记》《新建清江书舍记》《重建清江义学记》等。

《漕船志》系统地记述了明代漕船的修造和管理制度,反映了明代漕政的发展。

据荀德麟先生考证,《漕船志》在明代有四修,弘治十四年(1501年)席书创编,《明史·卷九十七·艺文二》题为"席书《漕船志》一卷";嘉靖二年(1523年)丁瓒《重修清江船厂志》;嘉靖十一年(1532年)邵经济《济漕志补略》;嘉靖二十三年(1544年)朱家相《增修清江船厂志》。今流传下来的版本,仅有民国三十年(1941年)上海玄览居士辑《玄览堂丛书》,据明嘉靖甲辰(二十三年,1544年)席书编次、朱家相增修刊本影印。2006年方志出版社出版《淮安文献丛刻》,收录了荀德麟、张英聘的点校本。

3 明代 杨宏 谢纯 《漕运通志》

《漕运通志》十卷，明杨宏撰。宏字希仁，海州大河卫人。嘉靖中，以指挥使署都督同知，总运江北。旧有《漕运志》，宏病其未备，乃捃摭群书，手自记录。延瓯宁谢纯考古今沿革，作《表》六卷，首《漕渠》，次《漕职》，次《漕卒》，次《漕船》，次《漕仓》，次《漕数》；又作《略》三卷，首《漕例》，次《漕议》，次《漕文》。序谓：表立则经见，略辑则纬彰。

——《四库全书总目提要》

《漕运通志》，明杨宏、谢纯撰。杨宏，字希仁，海州大河卫（今江苏连云港）人。正德十六年（1521年）至嘉靖九年（1530年）以都督佥事任（漕运总兵）。据嘉庆《海州直隶州志》记载："杨宏，字希仁，海州人，其先祖珪，元季以良家子应募，官至燕山护卫镇抚，三传至其父政，正统间，累征麓川缅贼。……景泰初，以大同代州功进都指挥同知，陕西守备。宏生六年而孤，以荫叙袭指挥使。宏治己未，檄守红城，寻守备固原，献策于总制杨一清，筑边墙数百里，迁陕西都司……嘉靖初，节镇淮扬，督漕运，声绩伟然。著有《漕运通志》。"谢纯，字梅岐，瓯宁（今福建建瓯）人，正德二年（1507年）举人第六名，嘉靖十一年（1532年）出任海州知州，为官清廉，后来因看不惯上司贪渎腐败，于是弃官而去。

在中国历史上，漕运制度是最基本、最重要的经济制度之一，漕运的畅通直接关系到军队的稳定、国家的安全。历代对于漕运者极为重视，明代定都北京之后，对南方的漕粮极为依赖，于是漕运显得极为重要。早在永乐二年（1404年），永乐皇帝设武职漕运总兵官，正二品衔，率12万军队，专门负责漕运。宣德年间，朝廷又派侍郎、都御史、少卿等官督漕运。景泰二年（1451年）设立文职漕运总督，兼巡抚凤、扬、庐、淮四府，徐、和、滁三州，驻节淮安，与总兵同理漕务，称为文、武二院。后分设巡抚，嘉靖四十年（1561年）又归并，改总督漕运兼提督军务，后未再分。

《漕运通志》为杨宏于嘉靖初年搜集历代资料、初步整理而成，初名《漕运

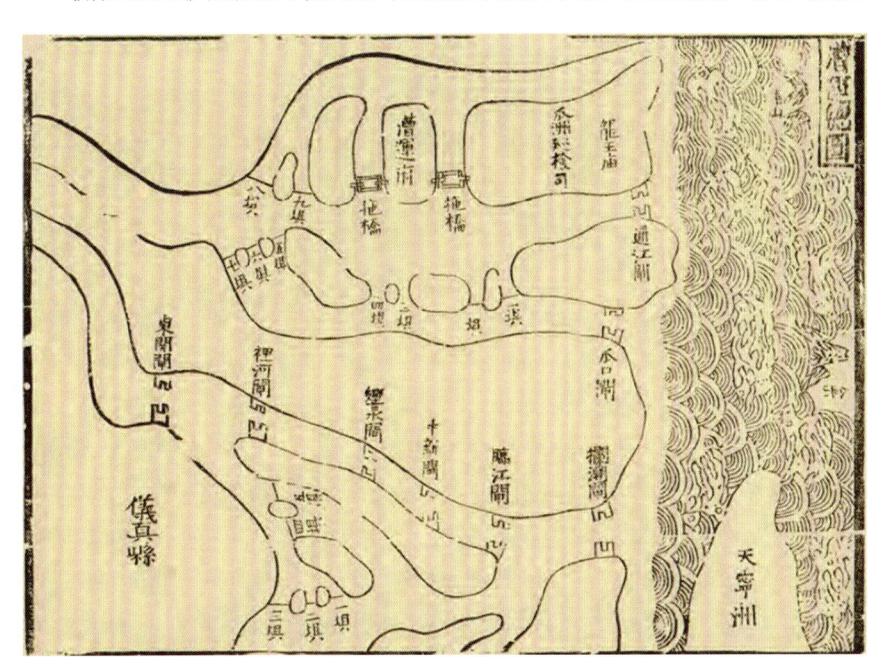

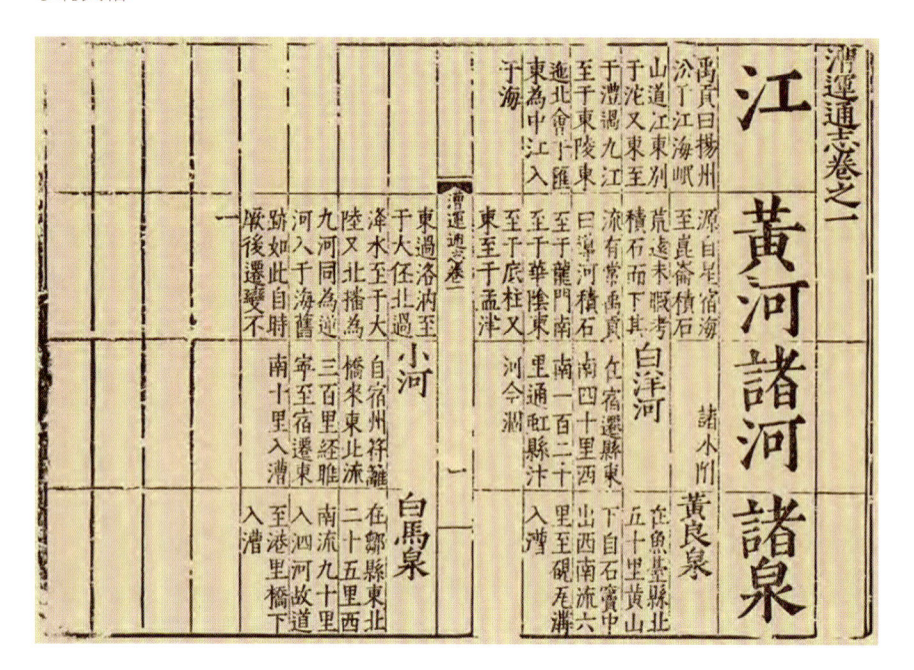

志》，后请谢纯为之加工，谢"拜而受之"，"于是窃承其意，撮其所录，删其所益，寡其所少，会要作《表》六卷、《略》三卷，名曰《漕运志》"。到嘉靖九年（1530年）前漕运总督唐龙为该书作序时，根据其内容，改称《漕运通志》。

《漕运通志》共十卷，卷首有廖纪《漕运通志序》、谢纯《漕运通志序》。卷一、卷二为《漕渠表》，前有导语，介绍了从先秦到明嘉靖初年漕运的历史脉络。导言以下为《漕河图》，绘制了从扬州仪真县（今仪征）长江边直至北京城的漕河示意图，并列有11张表。其中，卷一收录了江、淮、河、济、泉表，湖、塘、沟表；卷二收录了洪、坝表，闸、浅表，岸程、驿递表，大江迤南闸、坝表，茱萸湾迤东河道、闸表，徐州迤西河道、浅表，济宁迤东河道、坝、闸表，沙湾西南河道、浅表，卫河迤北河道、浅表。卷三为《漕职表》，介绍了自先秦直至明嘉靖初年漕运职官设置情况。其中，文职官员介绍了尚书、都御史、主事，武职介绍了总兵、副参、把总，以及运河沿线的府、州、县、闸官。附带介绍的公署有都察院、户部分司、刑部分司、工部分司、总兵府、提举司。卷四为《漕卒表》，首先叙述历代沿革，下设9张表，依次为"南京二总""湖广总""江西总""浙江总""中都总""江北二总""江南二总""山东总""遮洋总"。每张表都详细记述了明代每一个运粮卫所的名称、官弁额数、运粮旗军数、拥有的漕船数、每年该造的漕船数，以及运粮数与运粮卫所的增损情况。卷五为《漕船表》，介绍了历代漕船的沿革，下列有船数、合用、限式、等号、厂地、草场、军余、人匠，对明代各总、各都司造船的地点、船数、船料、船式以及场地设施、军余办料银、人匠工食银等都作了扼要记载。卷六为《漕仓表》，介绍了历代漕仓的历史沿革，分别记录了明代北京、通州各仓，以及淮安、徐州、临清、德州四仓的位置、建设时间、仓廒数量。卷七为《漕数表》，介绍了历代漕运额数的沿革，其岁数、派数、运数表，记载了明代从洪武三十年（1397年）到成化八年（1472年）各省运粮的数目以及运输方式。卷八为《漕例略》，记述了明永乐元年（1403年）至嘉靖十五年（1536年）这134年间漕运政策法规等调整的大致情况和主要内容。卷九为《漕议略》，记述了西汉以来至嘉靖初年历代圣贤名臣的通漕政见20余篇，以及被采纳政见的实施效果，其中保存了不少重要的章奏。卷十为《漕文略》，辑录了宋、元、明三朝导水序记、府署碑文、诸坝碑文、诸闸碑文共71篇，其中宋代3篇，元代24篇，明代44篇。

《漕运通志》有明嘉靖九年（1530年）刻本。2006年方志出版社出版《淮安文献丛刻》，收录了荀德麟、何振华的点校本。2015年中国水利水电出版社《中国水利史典·运河卷二》收录荀德麟的整理点校本。

4 明代 刘天和 《问水集》

汉贾让治河三策，古今称之。其上策放河使北入海，是即禹之故智也。今妨运道，已不可行。其中策谓据坚地作石堤，开水门。旱则开东方下门溉冀州，水则开西方高门分河流。然自汉至今，千数百年，尽中州、大名之境，率为河所淤。泥沙填委，无复坚地。而河流不常，与水门每不相值，或并水门而冲，决淤漫之，浚治无已。所溉之地，一再岁而高矣。西方地高，水安可往？使让复作，或亦不可行矣。

——《问水集·卷一·古今治河同异》

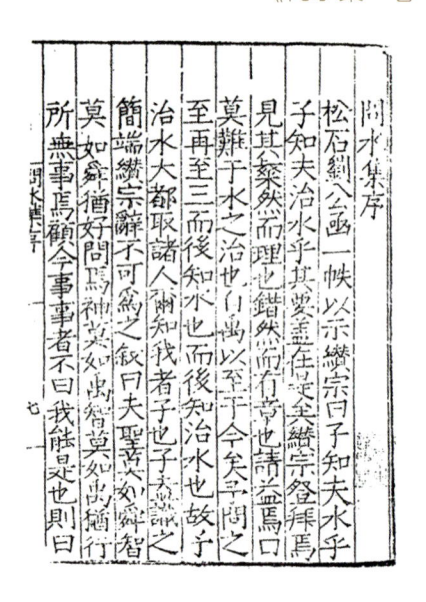

《问水集》，明代刘天和撰。刘天和，字养和，号松石，湖广省麻城县（今属湖北省麻城市）人。明宪宗成化十五年（1479年）生,明武宗正德三年（1508年），刘天和登进士第，被授为南京礼部主事。出按陕西时，因得罪武宗身边的太监而被贬为金坛县丞。后来，刘天和升任县令、湖州知府、山西提学副使、南京太常少卿、右佥都御史督甘肃屯政、陕西巡抚。嘉靖十三年（1534年）四月，出任总理河道，是年十月，"赵皮寨河南向亳、泗、归、宿之流骤盛，东向梁靖之流渐微。梁靖岔河口东出，谷亭之流遂绝。自济宁南至徐沛，数百里间运河悉淤，闸面有没入泥底者，运道阻绝，朝野忧虞"。总理河道刘天和经过实地考察后，开始疏汴河、筑堤防、修闸坝、浚运道，又针对黄河北岸堤防常常冲决的问题，用固堤植柳的办法加固大堤，这就是被后世所称道的"植柳六法"。讫工，改兵部左侍郎，总制三边军务。嘉靖十五年（1536年），刘天和将其治河过程中所上奏议辑为《问水集》。嘉靖二十年（1541年）九月召为兵部尚书。嘉靖二十一年（1542年），因"言官论天和衰老"，刘天和以年老致仕。嘉靖二十四年（1545年），刘天和逝世，朝廷追赠少保，谥"庄襄"。

《问水集》全书六卷，卷一通论黄河、运河河道形势及河道治理之制。黄河方面包括统论黄河迁徙不常之由、古今治河同异、治河之要、堤防之制、疏浚之制、工役之制、植柳六法；运河方面为统论建置规制，及白河、卫河、汶河、闸河各数条。卷二详载徐与吕二洪、淮河及海口、淮扬诸湖、闸河诸湖、诸泉及黄河、运河积贮情况，以及《治河始末》《修复汶漕记》《重建卫河减水四闸碑记》三篇他人治河文献及刘天和"告河文"数篇。卷三、卷四、卷五、卷六为刘天和在治理黄河过程中所上奏疏。其中卷三为《谢恩疏》《自陈乞罢疏》《河道迁改分流疏》《修浚运河第一疏》《修浚运河第二疏》；卷四为《议筑曹单长堤疏》《荐举方面疏》《举劾有司疏》《改设管河官员疏》《急缺管河官员疏》；卷五为《治河功成举劾疏》；卷六为《预处黄河水患疏》《建闸济运疏》《议免河南夫银疏》；附录为明刻本两序残字、《刻问水集序》、刘天和《黄河图说》《国朝黄河凡五入运》《古今治河要略》《治河臆见》。

刘天和对黄河演变概况和原因有独到的认识。他在《问水集·卷一·统论黄河迁徙不常之由》中总结了黄河迁徙不常的六大原因："河水至浊，下流束隘停阻则淤，中道水散流缓则淤，河流委曲则淤，伏秋暴涨骤退则淤，一也；从西北极高之地，建瓴而下，流极湍悍，堤防不能御，二也；水行地上，无长江之渊深，三也；傍无湖陂之停潴，四也；孟津而下，地极平衍，无群山之束隘，五也；中州南北，悉河故道，土杂泥沙，善崩易决，六也。是以西北每有异常之水，河必骤盈，盈则决，每决必弥漫横流。"既全面又中肯。针对黄河的治理，刘天和在《古今治河同异》中总结了历代黄河治理的经验，指出，"汉贾让治河三策，古今称之。其上策放河使北入海，是即禹之故智也。今妨运道，已不可行"。他在《治河之要》中提出，"河性湍悍，如欲杀北岸水势，则疏南岸上流支河，上策也"。此外，刘天和在其《问水集》中对植柳固堤提出了自己的六条意见（即"植柳六法"），至今仍是保护黄河堤坝行之有效的措施。《问水集》在总结传统的治河方略和技术的同时，形成自己的河工理论和方法，对明代的潘季驯、清代靳辅等治理黄河、运河起了积极的作用。

《问水集》有明嘉靖十五年（1536年）刻本与《金声玉振集》刻本，清代编纂《四库全书》时列入《四库全书存目丛书》，另有1937年中国水利工程学会出版的《中国水利珍本丛书》本，2015年中国水利水电出版社《中国水利史典·黄河卷一》收录陈二峰的整理点校本。

五、综合

5　明代　潘季驯《河防一览》

　　水分则势缓，势缓则沙停，沙停则河饱，尺寸之水皆由沙面，止见其高。水合则势猛，势猛则沙刷，沙刷则河深，寻丈之水皆由河底，止见其卑。筑堤束水，以水攻沙，水不奔溢于两旁，则必直刷乎河底。一定之理，必然之势，此合之所以愈于分也。

　　　　　　　　　　　　　　——《河防一览·卷二·河议辩惑》

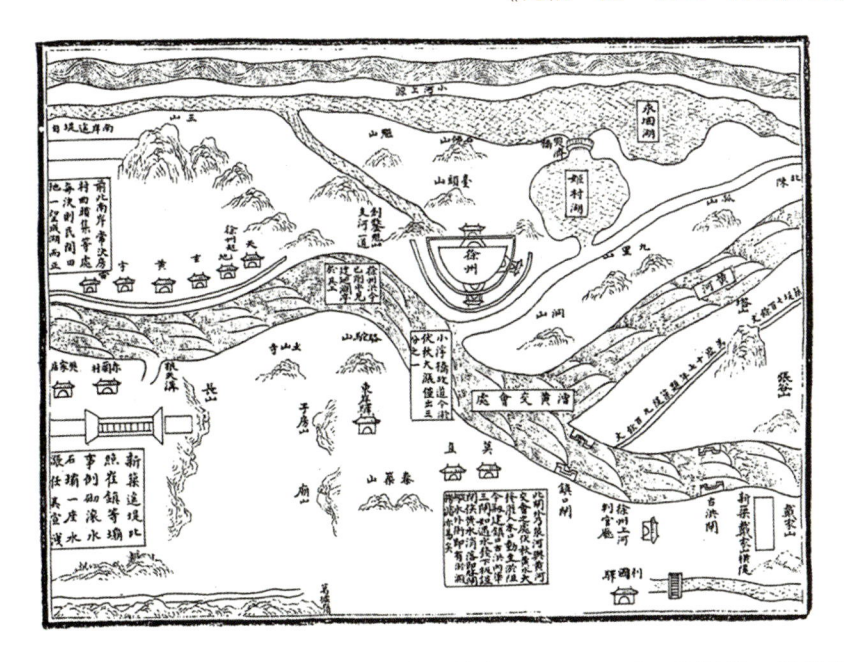

　　《河防一览》，明代潘季驯著。潘季驯（1521—1595），字时良，湖州府乌程县（今属浙江省湖州市吴兴区）人，嘉靖二十九年（1550年）进士。初授九江推官，后升御史，巡按广东，是当时颇有名气的干吏。嘉靖三十七年（1558年），黄河在山东曹县新集决口。当时，黄河浊浪直冲东南，使曹县新集至小浮桥一段故道淤塞，在曹、单、砀、徐一带"忽东忽西，靡有定向"。嘉靖四十四年（1565年），黄河再次决口，沛县上下200多里运道淤塞，徐州以上几百里一片泽国。就在朝廷上下为这场大水争论不休的时候，大理寺左少卿进右佥都御史潘季驯出任总理河道，开始了他的治黄生涯。经潘季驯等人治理后，散乱的河道才归一，由砀山、徐州夺淮入海，河患稍缓。

隆庆四年（1570年），黄河在邳州、睢宁决口，潘季驯再次出任总河，堵塞决口。次年，河工竣工，但是潘季驯却因漕船漂没遭弹劾罢官。万历三年（1575年）八月，黄河在砀山等多处决口，淮河又决破高家堰，徐州、邳州、淮安等地尽成泽国。清口上下的黄河淤积，漕运受阻。朝廷虽然积极实施海运、开泇口、开胶莱运河、导淮水入江、疏浚海口等多种措施，但都收效甚微。万历六年（1578年），黄河在崔镇决口，清口淤塞，高家堰大堤被冲决，淮扬一带又成泽国，潘季驯以都察院右副都御史、工部右侍郎、提督军务第三次总理河漕。四月，他与副手漕运侍郎江一麟到达问题最集中的淮安，逐一巡视河道决口地段，向朝廷上了《两河经略疏》，提出全面治理黄、淮、运河的规划，阐述了反对黄河分流，实施"束水攻沙，以河治河"的主导思想，以及实现这一规划的治理措施。

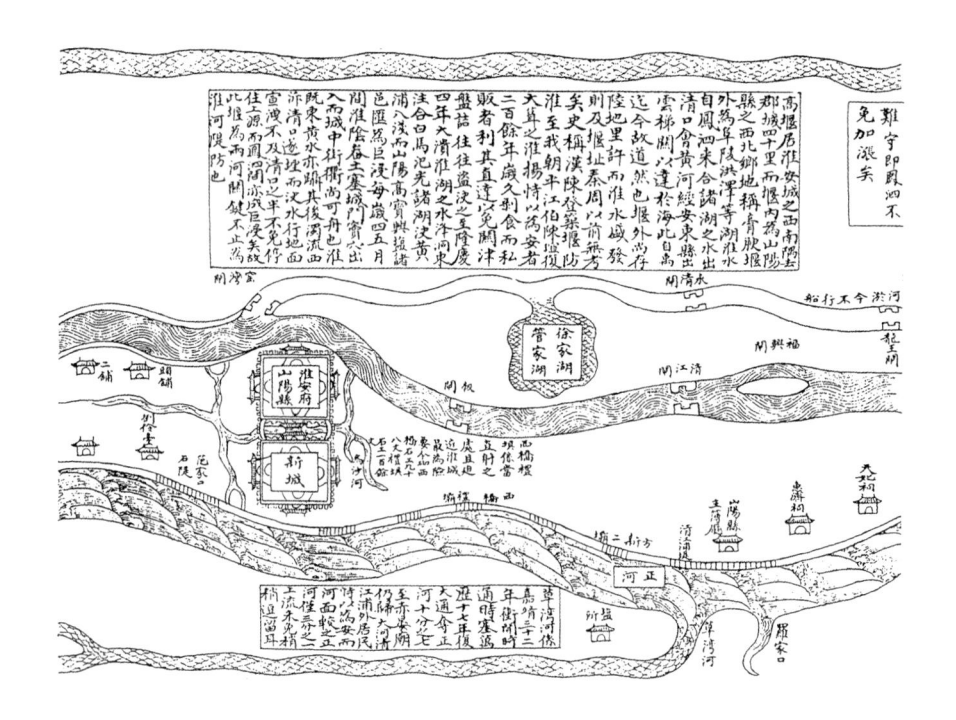

五、综合

《两河经略疏》也是中国水利史上第一本系统论述黄河全线治理的著作。次年河工竣工，黄河下游得以数年无恙。后来，万历皇帝对张居正进行清算，潘季驯因被划为张居正一党而被再次罢官。万历十六年（1588年），黄河为患，潘季驯复官右都御史，第四次总督河道。万历二十年（1592年），他以病辞休。至此，潘季驯已前后四任总河，在治黄工程上花了27年的心血。

万历七年（1579年），潘季驯第三次总理河漕取得成效之后，他将此前上奏的表章以及有关资料汇编成《宸断大工录》，后又增加了第四次治河的新内容，并不断完善，编成《河防一览》。该书既较为全面地继承了前人治河的主要成绩，又系统地总结了潘季驯长期治河的实践经验。其中，潘季驯创立并实践的"束水攻沙，以河治河"理论，开治理多沙河流的理论先河，这也是16世纪中国河工水平、水利科学技术和治理水平的重要标志。

《河防一览》共十四卷。卷一是明代嘉靖、隆庆、万历三代皇帝给潘季驯的诏书和黄河、运河图；卷二《河议辨惑》，以问答的方式阐述了潘季驯"以河治河，以水治沙"的治河主张；卷三《河防险要》，分别讲述了淮河下游南北两岸，以及山东、河南、北直隶一带河道险要工程的主要问题和应采取的措施；卷四《修守事宜》，系统规定了堤、闸、坝等工程的修筑技术和堤防岁修、防守的严格制度；卷五《河源河决考》分为《河源考》和《历代河决考》，考证了周代以后黄河决口的情况，是研究河道演变的重要资料；卷六收集了一些宋、元、明代有关治河的文章；卷七至卷十二是潘季驯从他200多道治河奏疏中挑选出来的、较为重要的41道奏疏，这也是他四次主持治河过程中重大问题的原始记录，概括了他治河的基本过程和主要经验；卷十三、卷十四是潘季驯引证的古人以及同时代人的著述、奏疏、明记、碑文等。

《河防一览》初刻于万历十九年（1591年），清乾隆十三年（1748年）江南河道总督署重刻，是为河署本。1936年中国水利工程学会编辑出版《中国水利珍本丛书》收录《河防一览》，2015年中国水利水电出版社编辑出版的《中国水利史典》收录此书繁体竖排点校本。2017年中国水利水电出版社《中国水利史典》编委会办公室又编辑出版该书简体横排本，并将该书中的《全河图说》单独装帧出版。

6　明代　朱国盛、徐标 《南河志》

成化间，南河所辖，自沙河达仪真。嘉靖四十五年，自珠梅闸达仪真。万历五年，别设中河郎中，则南河分司止管淮扬河道。

——《南河志·卷一·疆域》

《南河志》，明代朱国盛撰，徐标续纂。朱国盛，字敬韬，号云来，华亭（今上海松江）人，万历三十八年（1610年）进士，官至工部尚书，兼理侍郎事。明天启元年（1621年），朱国盛以工部郎主持南河河务，天启五年（1625年）离职，其任职南河期间编成此志。徐标，字准明，济宁（今山东济宁）人，天启五年（1625年）进士，崇祯二年（1629年）以工部都水郎主持南河河务，在职期间对朱国盛所纂《南河志》加以续纂，补充了自己关于南河治理的奏疏、条议等内容，另有《南河全考》一书。

明代的南河，主要指今淮安至扬州的淮扬运河。《南河志》共十四卷，正文之前有朱国盛自作《序例》一篇，李思诚、徐标二人所作《序》，以及顾民岩、彭期生二人所作《跋》以及《纂辑姓氏》《同较姓氏》。

卷一主要内容是《敕谕》《律令》《疆域》《水利》。其中,《敕谕》主要收录了万历皇帝下达的敕令;《律令》主要收录了明代关于河务、漕务的规定;《疆域》主要记载了南河流经的地区及各水驿里程;《水利》主要记载了南河水系与工程。

卷二包括《河赋》《职官》《年表》《公署》《祠庙》《铺舍》《夫役》《浅船》《物料》《树株》。其中,《河赋》有《桩草砖灰银》《苘麻砖灰银》《闸夫停役银》《坝夫桩草银》《协济境山》《吕梁二闸桩草银》《额外钱粮》《无定额钱粮》。其余则是南河管理机构、职官设置,以及历任南河郎中、河工材料以及祭祀河神、纪念有功河臣的场所等。

卷三至卷六为《章奏》,按年代编排。其中,卷三收录了《修河塘疏》《防盗决疏》《浚河道疏》《勘漕河疏》《开越河疏》《保湖堤疏》《忧河患疏》《复诸闸疏》《建瓜闸疏》《两河经略疏》《查议通济闸疏》《查复旧规疏》《工部覆前疏》《申明鲜贡船只疏》《河工告成疏略》《高堰请勘疏》《宝应越河疏》《辩开周家桥疏》《保堤复塘疏》;卷四收录了《部覆左给事中张企程题议周家桥武家墩疏》《部覆分黄导淮告成疏》《部覆知州俞汝为条陈河道疏》《部覆曾总河题报清口淤浅疏》《部覆曾总河题议建闸浚渠济运疏》《浚漕筑堤疏》《治水条议疏》《报木疏》;卷五收录了《总河部院朱光祚题奉钦依＜河防四要＞疏》《淮扬河

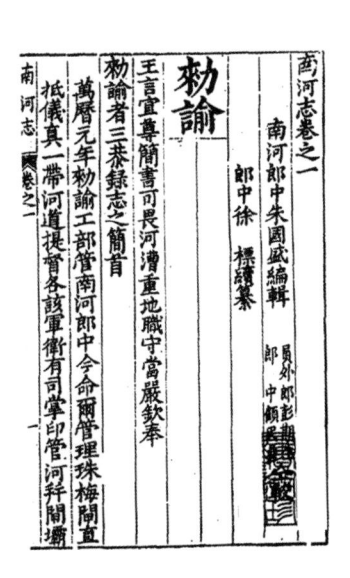

道闸工疏》《淮扬河道工程疏》《淮安黄河决口工程疏》《淮扬闸座堤工疏》《高堰堤工疏》《淮扬抢救塞决二工疏》《飞报淮黄泛滥疏》《奏销淮安黄河塞决工程钱粮疏》《河帑积匮并议目前救急疏》；卷六收录了《淮扬河工高邮中堤石工疏》《报销高邮石堤钱粮疏》《条议河防疏》《部覆前疏》《江北水患工程疏》《条议速运疏》《严饬河防事宜疏》《岁报河道工程钱粮疏》《进缴督木敕谕疏》。

卷七为《旧规条》，即南河河道与漕运管理的规章制度。

卷八、卷九为《条议》，收录了南河管理者对南河治理与管理的意见与相关制度。其中，卷八收录了《河工条议原详》与《续呈治河条议》；卷九收录了《河夫议》《南河修浚议》《徙河全城议》《责成河官议》《塞淮东河决事宜》《淮阴救水议》。

卷十为《杂议》，收录了治河通运的议论文章。包括《全河说》《条议两河水患》《五塘定议》《诸塘议》《论高家堰利害》《开高家堰施家沟议》《河议辨惑》《治河论》《六柳议》《沟洫议》。

卷十一为《碑记》，收录了明代与南河有关的碑刻。包括《恭襄祠记》《白塔河记》《康济河记》《新开湖记》《题名碑记》《应公祠记》《砥柱亭碑记》《平水闸记》《高家堰记》《老堤记》《张公治水记》《宝应弘济河记》《宝应越河记》《詹公祠记》《邵伯越河碑铭》《界首越河记》《总河尚书晋川刘公祠记》《顾公界首越河祠记》《顾公祠记》《间雅别署记》《平成别署记》《龙神感应记》《重开二河记》《淮上石堤记》《露筋堤记》《修中堤记》《珠湖别署记》《浚路马湖记》。

卷十二为《列传》，列举了治理南河的河臣所作的小传。

卷十三为《诗文》《遗事》，收录了汉武帝、隋炀帝、虞世南、李白、常建、白居易等人的诗文，以及明代南河的轶事数则。

卷十四为《文移》，收录了《议筑露筋石堤详文》《中堤估计详文》《议清行夫并挑新、旧二河详文》《挑新正、二河详文》《淮安挑新、旧二河并筑护堤详文》《报建通济月闸验文》《编审长夫详文》《条议河漕事宜详文》。

《南河志》是第一部记录明中后期南河水系变迁与治理历程的文献，也为研究明代黄河、淮河、运河的历史面貌保留了详尽的第一手材料，具有重要的参考价值。

《南河志》有崇祯六年（1633）刻本，2015年中国水利水电出版社《中国水利史典·运河卷一》收录王英华、刘建刚的整理点校本。

7　清代　崔维雅　《河防刍议》

其治河有七法。曰引河，曰遥堤，曰月堤，曰缕堤，曰格堤，曰护埽，曰截坝。前明潘季驯《河防一览》，详于堤坝之说，而不言引河。维雅独申引河之说，盖当河流悍激之地，不得不浚此以杀其势耳。

——《四库全书总目提要》

《河防刍议》，清崔维雅著。崔维雅，字大醇，直隶大名（今河北邯郸）人，顺治三年（1646年）举人，曾任浚县教谕、仪封知县，后擢江南淮安府同知，改开封河南府同知。

《河防刍议》共六卷，卷首有李霨、姚文然序，以及作者自序。卷一为《黄河总图》《淮扬运河图》《黄运两河说》。

卷二、卷三为《图说》。其中，卷二收录了《河南淮扬图说小序》《郑州南

岸王家桥河患图》《郑州南岸王家桥治河说》《原武县南岸小潭溪河患图》《原武县南岸小潭溪治河说》《中牟县南岸黄练集河患图》《中牟县南岸黄练集治河说》《阳武县北岸潭口寺上下河患图》《阳武县北岸潭口寺上下治河说》《封丘县北岸西大王庙河患图》《封丘县北岸西大王庙治河说》《封丘县北岸东大王庙河患图》《封丘县北岸东大王庙治河说》《祥符县南岸黑堽河患图》《祥符县南岸黑堽治河说》《祥符县南岸时和驿河患图》《祥符县南岸时和驿治河说》《祥符县南岸槐疙疸河患图》《祥符县南岸槐疙疸治河说》《祥符县南岸堌头集河患图》《祥符县南岸堌头集治河说》《祥符县北岸贯台河患图》《祥符县北岸贯台治河说》《陈留县南岸孟家埠口河患图》《陈留县南岸孟家埠口治河说》；卷三收录了《仪封县北岸三家庄西河患图》《仪封县北岸三家庄西治河说》《仪封县北岸三家庄东河患图》《仪封县北岸三家庄东治河说》《仪封县北岸蔡家楼河患图》《仪封县北岸蔡家楼治河说》《考城县南岸石家楼河患图》《考城县南岸石家楼治河说》《考城县北岸芝麻庄河患图》《考城县北岸芝麻庄治河说》《虞城县南岸黄里寺等工河患图》《虞城县南岸黄里寺等工治河说》《曹县北岸石香炉

河患图》《曹县北岸石香炉治河说》《徐州南岸贾家楼河患图》《徐州南岸贾家楼治河说》《桃源县北岸九里埂河患图》《桃源县北岸九里埂治河说》《桃源县北岸徐升坝河患图》《桃源县北岸徐升坝治河说》《桃源县南岸龙窝河患图》《桃源县南岸龙窝治河说》《桃源县北岸七里沟河患图》《桃源县北岸七里沟治河说》《高邮漕堤西岸清水潭河患图》《高邮漕堤西岸清水潭治河说》《周桥闸翟坝河患图》《周桥闸翟坝治河说》。

　　卷四、卷五为《条议》，共五十通。其中，卷四收录了《酌淮扬疏筑之宜议》《筑桃清南岸大堤议》《挑桃源七里沟上源引河议》《筑古城至清河北岸遥堤议》《岁防高加堰议》《修护归仁堤议》《寝浚海议》《谨闸禁之启闭议》《建减水石坝议》《寝导沁入卫议》《寝开宿迁议》《开赎罪之例议》《修筑堡房议》《堤夫宜加抚绥议》《预备埽料议》《严防守以备伏秋议》《申盗决之罚议》《估岁修工程议》《稽查夫役议》《严核物料议》《剔报逃积弊议》《饬沿河种柳议》《北河宜遵成议》《息浮议以端事权议》；卷五收录了《首冲宜行疏导议》《塞决口以挽正流议》《挑河事宜议》《开河估计工程议》《疏凿工烦议》《挑浚河形议》《筑

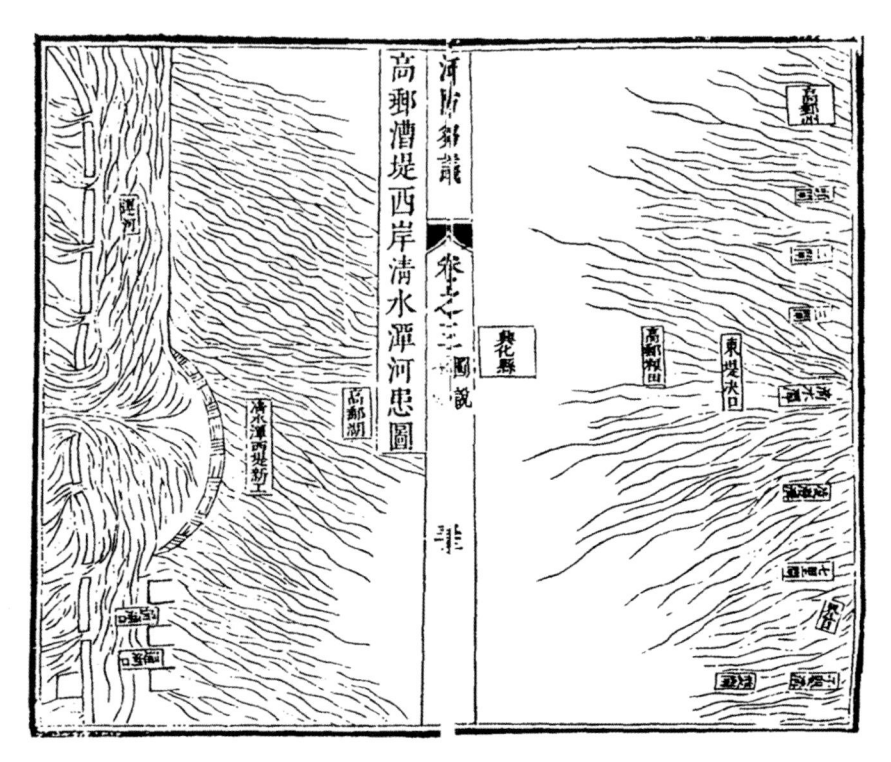

堤宜审地势议》《筑堤尚宜护埽议》《筑土宜核生熟议》《用土宜辨淤沙议》《挑筑宜避坟墓议》《饬兴水田议》《革门头派柳议》《豁免坍塌钱粮议》《酌动正项钱粮议》《酌土筐之制议》《专久任以重责成议》《责印官亲防抢救议》《河官宜驻河滨议》《河官不许委署议》《酌叙岁修防守之官议》《复每岁举劾之例议》《改司为道议》《要地印官宜择议》《治河以得人为要议》。

卷六为《或问辩惑》，共二十五则，分别为《治河治漕辩》《河决运道无阻辩》《高宝迤带闸河辩》《引河未之前闻辩》《中州埽多垫陷辩》《徐淮埽不蛰辩》《顶冲外堤下埽辩》《扫湾不下埽辩》《引河不易成辩》《徐州以下分流辩》《中州何以分流辩》《黄河邳宿水缓辩》《翟坝不宜筑辩》《翟坝有害泗州辩》《周桥不宜开辩》《云梯关入海宜浚辩》《黄家嘴决口不塞辩》《引沁入卫辩》《骆马湖开新河辩》《运河不用黄河辩》《黄河穿支河辩》《治河能保不决辩》《治河不出三策辩》《神河辩》《张福王简口堤辩》，附《初上疏筑事宜》《再上紧要事宜》《三上紧要事宜》，以及《总河题补河厅疏》《总河题补河道疏》与督抚荐语。

《河防刍议》有清康熙年间刻本，被收入《四库全书存目丛书》。2015年中国水利水电出版社《中国水利史典·黄河卷二》收录李小伦的整理点校本。

五、综合

8 清代 靳辅 《治河奏绩书》 张霭生 《河防述言》

其《川泽考》所载，黄河自龙门以下所经之地，以至淮、徐注海，凡分汇各流，悉考古证今，颇为详尽。又于注河各水及河所潴畜各水，亦缕陈最悉。其《漕运考》亦然。《河道考》于近河州县、临河要地及距河远近，分条序载，较志乘加详。至于堤工修筑事宜，则皆辅所亲验，立为条制者矣。

——《四库全书总目提要》

《治河奏绩书》，清代靳辅撰。靳辅（1633—1692），字紫垣，辽阳州（今辽宁辽阳）人，隶汉军镶黄旗，清代大臣，水利工程专家。历任内阁中书、兵部郎中，康熙十六年（1677年）调任河道总督，全面主持黄河、淮河、运河治理工作。《治河奏绩书》是靳辅将三十年治河经验总结而成的著作。

《治河奏绩书》共四卷。卷一包括《川泽考》《渚泉考》《渚湖考》《漕运考》《河决考》《河道考》。其中，《川泽考》考证了黄河、汾河、渭河、洛河、济河、沁河、淮水、汴河、汝河、汶河、卫河、泗水河、沂河、洸河、大清河、小清河等各河的源流，以及新泰、莱芜、泰安、肥城、平阴、东平、汶上、宁阳等州县所谓的"分水派"，宁阳、泗水、曲阜、滋阳四县所谓的"天井派"，曲阜、邹县、济宁、鱼台四州县所谓的"鲁桥派"，鱼台、滕县、峄县所谓的"沙河派"，峄县、蒙阴、沂水三县所谓的"邳州派"的泉源；《诸湖考》则考证了南旺湖、蜀山湖、南阳湖、昭阳湖、微山湖、马踏湖、马肠湖、安山湖、骆马湖、洪泽湖、高宝诸湖，以及海口、江口。《漕运考》则考证了漕河、清河、大通河、会通河、泇河、徐吕二洪、淮安运河、高宝运河、瓜仪运河、丹阳运河、浙江运河的历史沿革。《河决考》辑录了上自"禹治洪水，导河积石，至于龙门"，下至康熙二十一年（1682年）"河决宿迁徐家湾，又决萧家渡"的历代河道决溢之事。《河道考》详细介绍了河南省、江南省黄河两岸的起止、河道长度、河宽。

卷二包括《职官考》《堤河考》，附以《修防汛地》《河夫额数》《闸坝修规》《船料工值》。其中，职官考详细介绍了上自总河、下至各省的管理河道文武官员的设置情况。文官如江南省的淮扬道、江南通省管河道、淮安府分管山清盱眙河务同知、管河县丞、淮安府分管山清外河同知、淮安府分管山安河务同知、扬州府管河通判、淮徐道、淮安府分管徐属同知、淮安府分管邳睢灵璧同知、淮安府分管宿虹同知等。武职如徐属河营守备、南岸千总、邳睢灵璧河营守备、宿虹河营守备、桃源河营守备、山清外河营守备、山安河营守备等。《河夫备考》则详细介绍了河南、直隶、山东、江南等地的堡夫、浅夫、徭夫、闸夫人数。《堤河考》中的"堤工"记述了上自河南虞城县界起下至萧县界止以及上自山东单县界起下至丰县界止各段堤工的起止地点、长度，山阳、盱眙两县湖堰，山阳、宝应、高邮、江都四州县运河堤工的起止地点与长度。"河工"则记载了清河县南岸运河、邳北甘罗城东门外旧运河、清河县清口引河、宿桃清山安五县中河、宿迁县皂河、山阳县南岸运料小河的河工详情。《闸坝涵洞考》记载了黄河南岸的砀山县、徐州、睢宁县、宿迁县、桃源县、山阳县，黄河北岸的徐州、邳州、宿迁县、清河县、山阳县黄河北岸，清河县、山阳县、宝应县、高邮州、江都县南运河，邳州、宿迁县北运河的各处闸坝、涵洞。《漕规料价》记载了宿桃、邳睢、徐属、高宝、江都、山清的木价，以及邳睢、扬河厅、山盱、山清、山安三厅，宿、桃二厅的各色料价。《修船则例》记载了修造大柳船、大浚船、中浚船的年限以及赔修的规定。《运石工价》记载了吕梁王家山与大谷山两处采石与运输情况。《闸式》记载了清初建闸的规制。

卷三收录了《章疏》及《部议》，具体为《题为河道敝坏已极等事》《题为敬陈经理河工事宜第一疏事》《题为经理河工第一疏内未尽事宜事》《题为题明经理河工第三疏内未尽事宜事》《题为再陈经理河工第一疏内未尽事宜事》《题为题明酌改运口以免再垫运河事》《题为特请大修归仁堤工事》《题为亟请并修河北运河以为挽漕永利之谋事》。

卷四记载了各河流疏浚事宜及施工的缓急、先后，有《治纪》《大工兴理》《首严处分》《改增官守》《设立河营》《黄淮全势》《黄淮交济》《开辟海口》《南岸遥堤》《北岸水利》《坚筑河堤》《挑浚引河》《塞决先后》《量水减泄》《就水筑堤》《堵塞决口》《防守险工》。书中介绍了高堰、王公堤、永安河、中河、南运口、皂河、骆马湖口、下河形势、萧砀南河、邳州水患、闸坝及涵洞、黄河三砂、岁修永计、帮丁二难，以及黄河各险工、土方则例等，又介绍了贾让治河与贾鲁治河的事迹。

《治河奏绩书》的书后附有张霭生的《河防述言》一卷，该书为清代张霭生追述好友陈潢言论所著。陈潢，字天一，号省斋，是靳辅的幕僚。全书以问答的形式，分为《河性第一》《审势第二》《估计第三》《任人第四》《源流第五》《堤防第六》《疏浚第七》《工料第八》《因革第九》《善守第十》《杂志第十一》《辨惑第十二》等十二篇。卷首有《黄河全图引》，卷末为《靳大司马奏请推恩分恤疏稿》。《河防述言》阐述了陈潢在黄河、淮河、运河综合治理方面的看法和建议，对研究清代治水思想演进和水利技术发展有重要的参考价值。

《治河奏绩书》有四库全书本。乾隆三十二年（1767年），崔应阶将《治河奏绩书》重编次序，分为十卷，改名《靳文襄公治河方略》。嘉庆四年（1799年），靳辅五世孙靳文钧又据乾隆本重刊翻印，删去崔序和凡例，定名《治河方略》。

9 清代 张鹏翮 《治河全书》

伏思我皇上削除三孽，荡定沙漠，圣德神功，已载在《方略》。请将钦颁治河上谕与宸断治河事宜，敕下史馆，纂集成书，用昭平成伟绩。

——《黄淮交会等事》

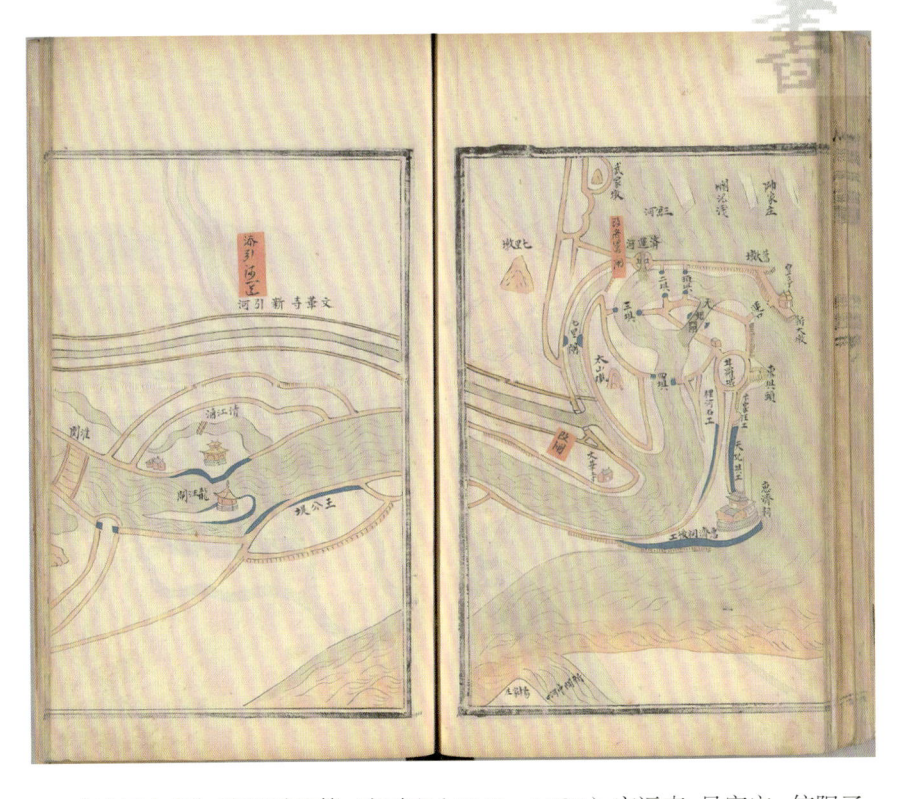

《治河全书》，清张鹏翮纂。张鹏翮（1649—1725），字运青，号宽宇、信阳子，四川潼川州遂宁县黑柏沟（今属四川省遂宁市蓬溪县）人。清代名臣、治河专家。康熙九年（1670 年）进士及第，历任刑部主事、苏州知府、兖州知府、河东盐运使、通政司参议、大理寺少卿、浙江巡抚、兵部右侍郎、左都御史、刑部尚书、

水利典籍

江南江西总督、河道总督、户部尚书，雍正元年（1723年），任武英殿大学士。张鹏翮主持治理黄河十年，治清口，塞六坝，筑归人堤，采用逢弯取直、助黄刷沙的办法整治黄河。

  黄河与淮河本来各自独流入海，自宋代黄河夺淮之后，黄河对淮河的影响日益加重。元代开通南北大运河。到了明清两朝，京杭大运河日益成为王朝生存的经济命脉。然而当时的情况是，黄河东南夺淮入海，徐州以下黄河河道又兼作运河的航道，于是黄河的治理又直接关系到漕运的通塞。故治河即治运，为明清两朝的共识和国策，明清两朝都加大了对黄河的治理。尤其到了清代，黄河河患的日渐南移，导致黄河、淮河、运河、洪泽湖交织于淮安清口一隅之地，黄河裹挟而来的泥沙，不但淤垫了洪泽湖以下淮河下游的河道，还直接影响了运河的通航。为了治理黄河，确保运河的畅通，加之清初洪泽湖大堤屡决，黄流倒灌，清口淤塞严重，运河浅涩，黄、淮会合处水情复杂，于是在清康熙年间，开启了清代大规模治理黄、淮、运的历史进程。

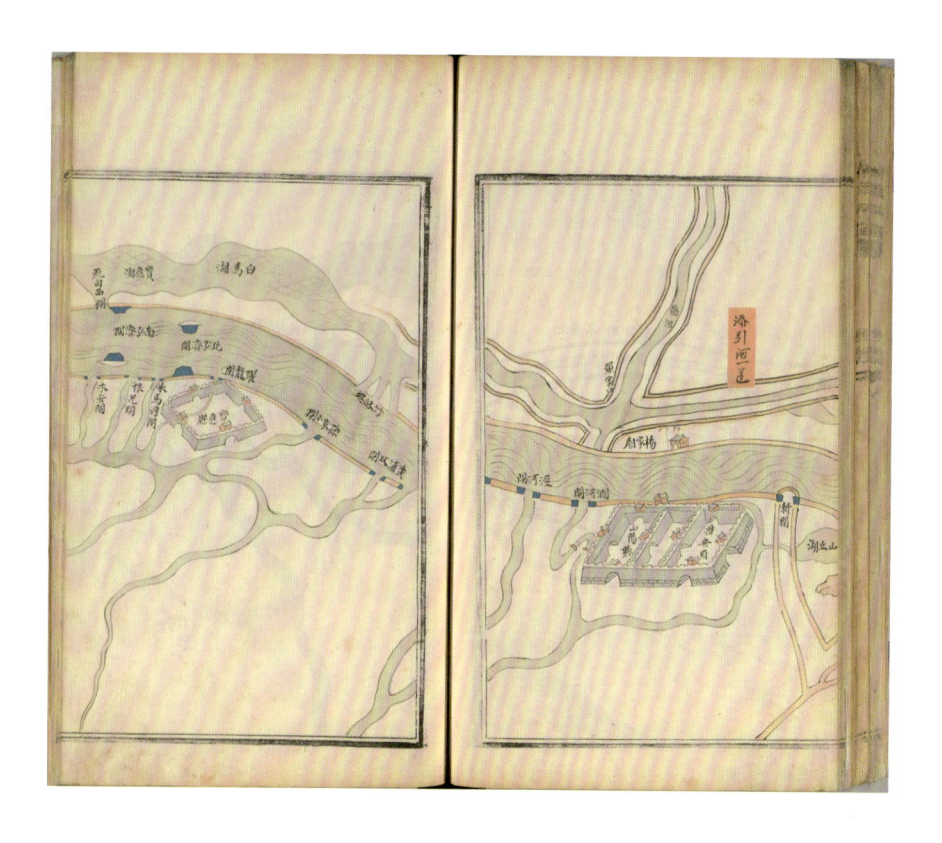

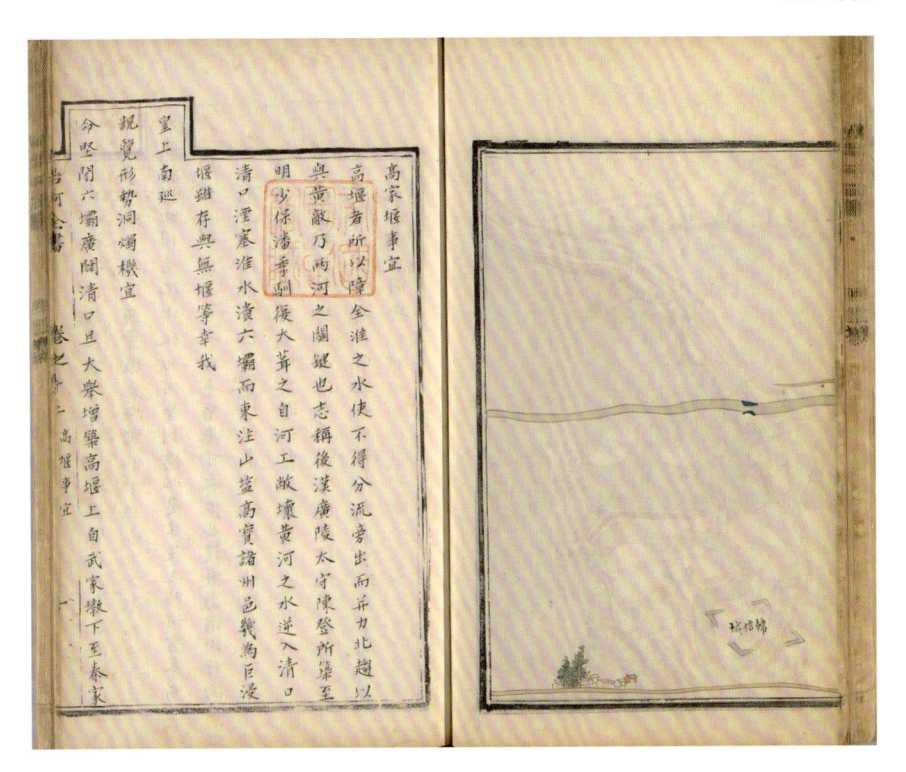

康熙三十九年（1700年），张鹏翮调任河道总督。他遵从康熙的旨意，认真办理，开陶庄引河在对岸筑挑水坝，解除了清口倒灌之危；拆除董安国所筑海口拦河大坝，使黄水畅流入海，达到漕运和民生两利的效果。康熙四十二年（1703年），张鹏翮组织门人和僚属，将治河通运的有关文件编纂成书，是为《治河全书》。

《治河全书》共二十四卷。卷一至卷二，辑录自康熙二十三年（1684年）至康熙四十二年（1703年）间治河上谕，末有"御制河臣箴，癸未春日，舟中书赐河臣张鹏翮"，谕告治河的重要意义；卷三至卷十三，记载了我国运河、黄河、淮河三大水域的源流、支派、地理位置及清初顺治、康熙两朝对其治理的情况等。卷三为《运河全图》与《运河图总说》。卷四、卷五对运河各段的里程，堤岸的修筑长度、时间以及管辖关系等进行了介绍。其中，卷四为《通州、香河、武清三州县运河事宜》至《迦河事宜》，卷五为《邳州、宿迁运河事宜》至《瓜仪运河事宜》，并附《中河图说》《江南浙江运河图说》《卫河图》与《卫河图说》。卷六、卷七、卷八主要介绍了山东运河沿线各个县的河道、泉水、湖泊，以及州县的地理位置、历史沿革等。卷九为《黄河全图》和《黄河总图说》，图上标出了沿河州县及汇入支流，对岸及沿岸山脉、府县分界、挑挖引河及堤工。卷十为《河南黄河图说》和《山东曹、单二县黄河事宜》。卷十一分述徐州、邳州、宿迁、桃源、清河、山阳、安东等州县黄河事宜，以介绍康熙年间河防工程为主。卷十二介绍了《高家堰事宜》，以及《淮河全图》与《淮河图说》。卷十三为《官制》和《修防事宜》。卷十四至卷二十四，为历任河道总督靳辅、王新命、张鹏翮等人有关治河的奏疏，以张鹏翮为最多。

《治河全书》是研究清代治河工程的重要历史资料，对今天的治河工程仍有重要的参考价值。

《治河全书》有清代抄本。2007年天津古籍出版社曾影印出版天津图书馆所藏抄本。

10　清代　李昞 《木龙书》

木龙用以治河，见于《宋史》，曾巩为陈尧佐作传，详志其事。李昞任泰州通判，偶读曾文，匠心独运，竟与古合，遂上其议于相国高文定公斌。适清口御坝二险，高用其法，得庆安澜。盖木龙能挑水护此岸之堤，而挑水即可刷彼岸之沙，较之下埽开河，事半功倍也。

——《清稗类钞》

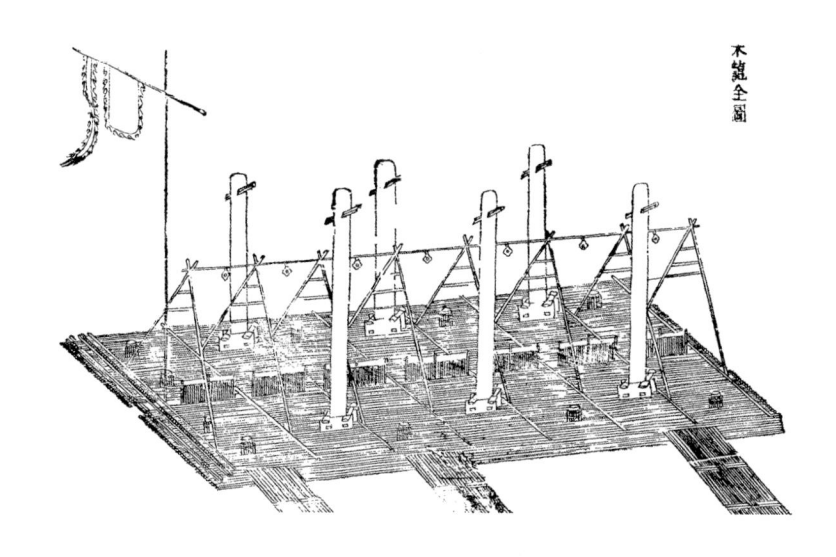

《木龙书》，清代李昞撰。李昞，字双士，乾隆时汉阳人，乾隆年间曾任泰州州同。

木龙是中国古代的一种治河工具，是形似木栅栏的木结构护岸建筑物，首创自宋代陈尧佐。《宋史·河渠志一》："宋天禧五年正月，知滑州陈尧佐以西北水坏城，无外御，筑大堤，又叠埽于城北，护州中居民，复就凿横木，下垂木数条，置水旁以护岸，谓之木龙。"元代贾鲁治河也曾用木龙，然而其做法

水利典籍

不传,至明清年间,其形制已难查考。到清代乾隆年间,清口的黄河泥沙淤积情况较为严重,乾隆四年(1739年)春,钦差大学士鄂尔泰巡视南河,相度清、黄交汇形势,拟于御坝之外添建大坝,挑溜北趋,并议疏浚陶庄引河。当时效力河工的泰州州同李昞向江南河道总督高斌提议,用木龙来挑溜,奉旨准行。乾隆五年(1740年),清口北岸陶庄涨滩,设木龙于清口西侧御坝下,导引黄河北行,历见成效。

据《南河成案》卷五记载:"乾隆四年五月内,大学士伯鄂尔泰议奏复开引河,并于南岸再筑挑水大坝。臣现在遵照办理,不意大水骤至,引河赶挑无及,筑坝亦难施工。俟秋汛水落后,再相机办理。经臣具折奏明。至秋汛后水落滩,现察看情形,其滩形较前低下五六尺,恐水长易漫,开挑引河难望成功。臣数次详勘,咨询有效力州同李昞禀称,'能造木龙挑溜,请于南岸设木龙数架,则大溜自可挑开,多趋北岸,功效甚速'等语。臣随将现存各厅备用桩木运集,置办篷缆工料,雇募篙师。即今李昞先行试造木龙一架,即在清口迤上御坝之下,捆扎木龙,长三十六丈,又于头上扎龙盘十七丈。自安设以后,河溜即自黄河大溜竟趋北岸。臣见其已有功效,审察情形,一龙之力尚不足以远挑黄溜,尽使避南趋北,应再设木龙以相关应。臣因初次试行,随于本年正月内恭折奏请,钦奉朱批:'且俟行之,再有效,则甚美事也。钦此。'"

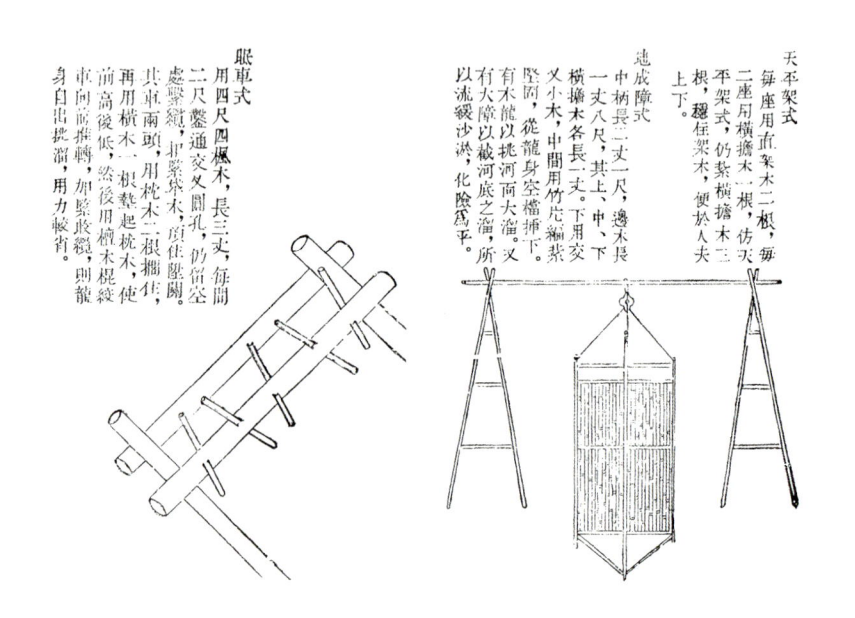

清乾隆五年（1740年），李呐撰《木龙成坝》一卷，记述木龙的用料、制作及使用方法、功能等。乾隆十六年（1751年），乾隆皇帝首次南巡至清口阅视木龙。李呐献诗进颂，其诗颂并《木龙图说》《成规》《纪略》《题咏》等，辑成一书，题为《木龙书》。

《木龙书》不分卷，其中的《御制木龙诗》为乾隆十六年（1751年）皇帝南巡视察河工，目睹木龙之后而作；《恭迎圣驾南巡诗》为李呐所作；《恭进木龙颂》为李呐绘图、辑书后觐见圣驾所作；《木龙图说》有图十四幅，其中总图一幅，其余为各构件图，图旁有文字，简述各构件的用料、尺寸等；《题定河工木龙成规》是全书的主体，介绍各构件的做法，对木料粗细、长短、用缆、编扎、用工定额等有详细规定；《木龙纪略》介绍了初制木龙及此后历次添设等事；《木龙题咏》为时人阅木龙图、目睹木龙治河功效后所作诗词。书后有《跋》一篇，为李呐弟李所作。

《木龙书》有清乾隆年间刻本。2015年中国水利水电出版社《中国水利史典·黄河卷三》收录童庆钧的整理点校本。

11　清代　郭起元　《介石堂水鉴》

江南黄河，地兼上下，自砀山入境，历丰、沛、萧、铜、灵、睢、邳、宿、桃、清、山、安，以至海口，千有余里，其间形势不同，机宜亦异，可得而详言也。

——《介石堂水鉴·卷一·南河形势机宜论》

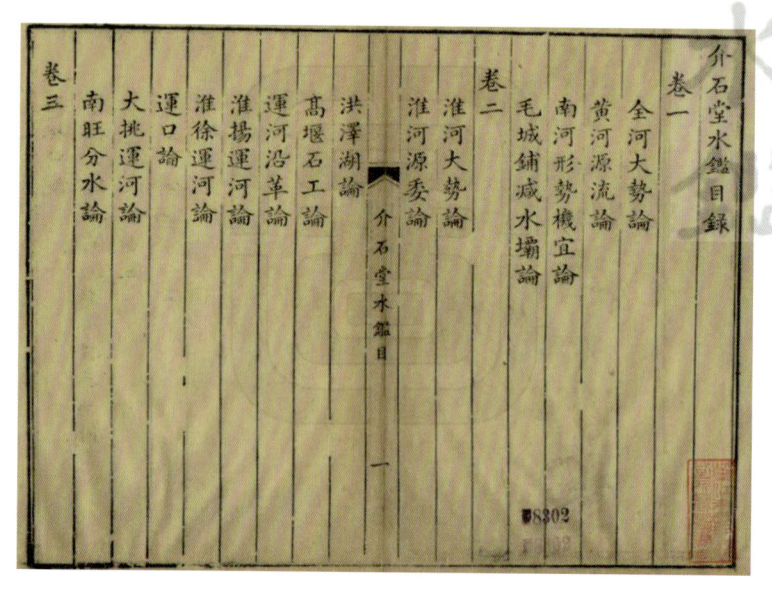

《介石堂水鉴》，清郭起元著。郭起元，字复斋，福建闽县（今福建省福州市）人，生卒年不详，少年时期求学于福州鳌峰书院，著名学者蔡世远称其"品芳洁，能文章"。乾隆元年（1736年）举"博学鸿词"，不就。督学周学健以贤良方正荐，授安徽舒城知县。历官盱眙知县、泗州知州、宿虹同知，皆有善政。著有《介石堂诗文集》，《水鉴》六卷，修纂《盱眙县志》。

郭起元任职的盱眙、泗州正是淮河流域下游汇入洪泽湖的地区，这一地区因为黄河夺淮之后黄河泥沙的淤积，京杭运河、淮河、黄河交织，导致洪泽湖周边水情复杂，水患异常，给中央政府的漕运线路——运河的正常运行造成了极大的困难，加上淮河之水汇集于洪泽湖，又对盱眙、泗州形成了极大的威胁，于是身为地方官的郭起元对这一地区极为重视，在总结以往治水经验的基础上，撰成《介石堂水鉴》一书。

《介石堂水鉴》共六卷，卷一和卷二为《论》，共十四篇。其中，卷一收录了《全河大势论》《黄河源流论》《南河形势机宜论》《毛城铺减水坝论》；卷二收录了《洪泽湖论》《淮河大势论》《淮河源委论》《高堰石工论》《运河沿革论》《淮扬运河论》《淮徐运河论》《大挑运河论》《运口论》《南旺分水论》。卷三至卷五为《说》，共四十四篇。其中，卷三收录了《石林口说黄村柳园》《祥符五瑞二闸说》《归仁堤三闸》《王家山天然闸说》《峰山四闸说》《御坝说》《引河说》《放淤说》《海口说》《天然坝说》《三滚坝说》《清口说》《东西二坝》；卷四收录了《堤工说》《王营减坝说》《顺水挑水坝说》《探埽听桩说》《救生桩说》《七道引河说》《堰盱砖土工说》《盐河闸说》《张庄运口新坝说》《建新闸草坝说》《华家滩、王家港、汤家绊、尤家洼等工说》《闭三滚坝、子婴坝、昭关坝说》《芒稻东、西二闸说》《董家沟滚水坝说》《泰州运盐河说》《附马桥引河》《瓜洲城河说》《仪征河说》；卷五收录了《江工说》《息浪庵埽工说》《徒阳运河说》《观音庵石工说》《盐场海口说》《范公堤说》《查子港等工说》《下河说》《禹王台石砭说》《刘老涧说》《河清、河定、河成三闸说》《骆马湖说》《五孔闸说》《六塘河说》《便民闸说》《吴中江海形势说》。卷六为《策》和《考》，其中《策》六篇、《考》四篇，分别为《治河淮策》《救盱泗策》《堵塞决口策》《坚筑堤工策》《坚砌石工策》《核实埽工策》与《北运河各河考》《淮水考》《江源考》《汉源考》。

《介石堂水鉴》每篇后都有蔡芳三的评点，蔡芳三（？—1752），名寅斗，江南江阴（今江苏江阴）人，乾隆十二年（1747年）举人，官国子监助教。

《介石堂水鉴》有乾隆十八年（1753年）刻本，被收入《四库全书存目丛书》。2015年中国水利水电出版社《中国水利史典·淮河卷一》收录鲁华峰的整理点校本。

12　清代　包世臣　《中衢一勺》

　　河、漕、盐三事，非天下之大政也，又非政之难举者也，而人人以为大，人人以为难，余是以不能已于言也。漕难于盐，河难于漕，事难则言之宜详，余是以不能已于言，而于河言之尤多者也。然余有所不能已，而言河、言漕、言盐，其书脱手流布，传写者既苦错误，又或以意窜改，至异事实，然以是被声闻矣，然以是遭唇齿矣，而皆非余作书之意也。

——《中衢一勺·序》

　　《中衢一勺》，清包世臣著。包世臣（1775—1855），字慎伯，号诚伯、慎斋，晚号倦翁，又自署白门倦游阁外史、小倦游阁外史，安吴（今安徽泾县）人。东汉建安十三年（208年），孙权于泾县南部地区分置安吴县，包氏旧居接近其地，所以他又被称为"安吴先生""包安吴"。包世臣在嘉庆十三年（1808年）中举之后，多次考进士不中，以大挑试用为江西新喻县令，不久被弹劾免职。先后作为陶澍、裕谦、杨芳等封疆大吏的幕客。他毕生留心于经世之学，对漕运、水利、盐务、农业等,都有独特见解。东南大吏每遇兵、荒、河、漕、盐诸事,经常向他咨询。包世臣于道光初年所著《中衢一勺》,就是他对清代河、漕、盐三大问题得失的论著汇辑。

《中衢一勺》共三卷,附录四卷,卷首有序。上卷收录了嘉庆九年（1804 年）作于苏州的《海运南漕议并序》,嘉庆十三年（1808 年）作于清江浦的《筹河刍言》,嘉庆十四年（1809 年）作于都下的《复戴师相书》,嘉庆十五年（1810 年）作于扬州的《策河四略》,嘉庆十六年（1811 年）作于安东的《一萼红词序》,嘉庆十八年（1813 年）作于邵伯的《下河水利说》。该卷论述在嘉庆时期,漕、河交病的情况下,将南方的漕粮改为海运,以及筹办运河整治的经费,在运河治理中如何兴利除弊等诸多事项。中卷收录了嘉庆二十二年（1817 年）作于都下的《郭君传》《答友人问河事优劣》《说坝一》《说坝二》《辨南河传说之误》《南河杂记上》《南河杂记中》。该卷介绍了江南河道治理中的杰出人物郭大昌的事迹,也客观反映了江南河道作为运河咽喉之地,其治理过程之中的积弊,以及治理的要点等。下卷收录了嘉庆二十五年（1820 年）作于都下的《庚辰杂著三》《庚辰杂著四》《庚辰杂著五》,道光二年（1822 年）作于大名的《复吴提刑书》,道光四年（1824 年）作于扬州的《漆室答问》《启颜漕督》,道光五年（1825 年）作于扬州的《海运十宜》。该卷论述了漕运与盐政的弊端与兴利除弊之法,并提出海运代替漕运的举措。

该书附录收录了正文三卷以外的嘉庆年间的著作,以及道光四年（1824 年）之后的著作。其中,附录一收录了《袁浦问答》《海淀问答》《与秦学士书》《记直隶水道》《代大名兵备富敬斋争堵漳河决口禀戴使相》《记畿南事》《上英相国书》《读昌黎集书后》《宣南答问》《跋李绂书齐苏勒复奏淮扬运河折子后》《山东西司事宜条略》《书乔徽君纪事文稿后》。附录二收录了《代杨桂堂给事驳奏开放旧减坝折子》《代杨桂堂给事上防河折子》《小倦游阁杂说一》《小倦游阁杂说二》《小倦游阁杂说三》。附录三收录了《闸河日记》。附录四（上）收录了《却寄陶宫保书》《代议改淮蹉条略》《上陶宫保书一》《答萧梅江书》《上陶宫保书二》《答谢无锡书》《畿辅开屯以救漕弊议》《开河三子说》《江苏水利略说代陈玉生承宣》《江西或问》。附录四（下）收录了《答桂苏州第一书》《复桂苏州第二书》《答桂苏州第三书》《与桂苏州第四书》《答桂苏州第五书》《答桂苏州第六书》《与桂苏州第七书》《南河善后事宜说帖》《复陈大司寇书》《说储上篇前序》《说储上篇后序》《说储上篇序目》《说储上篇第四目附论》。书后有《随时续附》，收录了《外南厅吴城六堡新庙记》《复魏高邮书》《复杨河帅书》三篇。

《中衢一勺》中对于漕运、河道、盐政三样东南地区的重要政务进行了鞭辟入里的论述。书中所记载的包世臣与诸多封疆大吏的往来信札，客观记录了嘉庆、道光两朝漕运、河工、盐政的诸多史实，对研究这一时期的漕、河、盐有着重要的价值。

《中衢一勺》有道光五年（1825年）的三卷本，道光二十四年（1844年）的三卷加附录四卷本，咸丰元年（1851年）增加卷末三篇的刊本等。1993年，黄山书社出版李星点校本。2006年广陵书社出版《中国水利志丛刊》收录该书影印本。

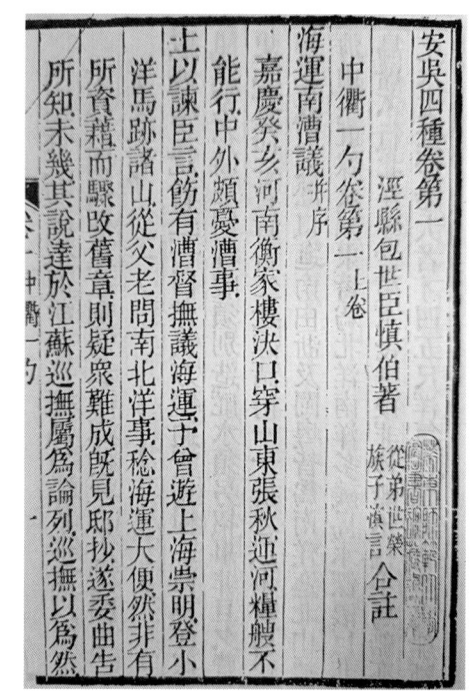

13　清代　完颜麟庆　《河工器具图说》

虽未能小物不遗，而于工需似已苟完粗备，于是绘图以尚其象，立说以推其原，庶使览者援古证今，循名责实，通乎器之为用而道于以该，审乎道之所存而器于以具。

——《河工器具图说·序》

《河工器具图说》，清麟庆撰。麟庆（1791—1846），姓完颜氏，字伯余，别字振祥，号见亭，满洲镶黄旗人。麟庆为金世宗第二十四代后裔，其叔高祖完颜伟曾于乾隆六年（1741年）任江南河道总督。嘉庆十四年（1809年）麟庆进士及第，授内阁中书，入翰林院任编修，迁兵部主事，后历任徽州知府、颍州知府、河南开归陈许道、河南按察使、贵州布政使、湖北巡抚。道光十三年（1833年），任江南河道总督，长达十年。在此期间，他蓄清刷黄，筑坝建闸，后以河决革职，旋再起，官四品京堂。晚年被授予库伦办事大臣，未赴任，不久病卒。

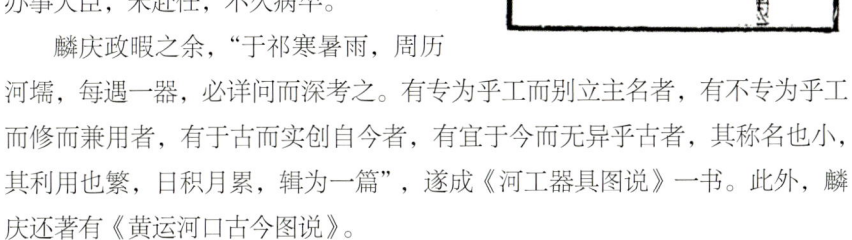

麟庆政暇之余，"于祁寒暑雨，周历河壖，每遇一器，必详问而深考之。有专为乎工而别立主名者，有不专为乎工而修而兼用者，有于古而实创自今者，有宜于今而无异乎古者，其称名也小，其利用也繁，日积月累，辑为一篇"，遂成《河工器具图说》一书。此外，麟庆还著有《黄运河口古今图说》。

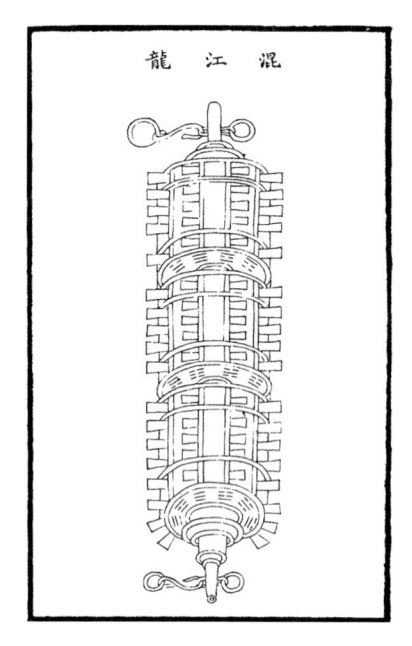

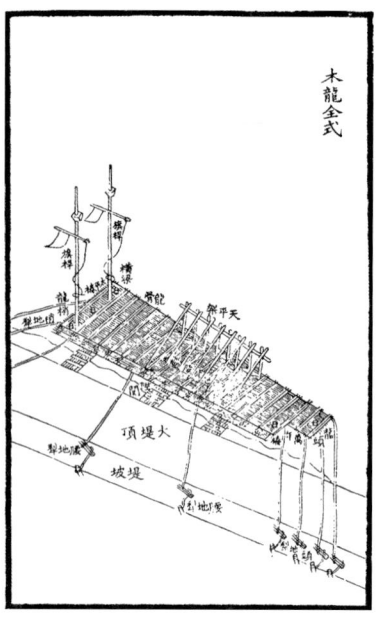

《河工器具图说》共四卷，全书所列器具图共一百四十五帧，所收器具共有二百八十九种。其中，卷一为《宣防器具》，收录了旗杆、志桩、相风乌、打水杆、试水坠、算盘、铜尺、秤、丈杆、五尺杆、围木尺、梅花尺等六十五种器具。卷二为《修浚器具》，收录了畚畚、皮灰印、木灰印、信桩、铁锥、水壶、片硪、束腰硪、墩子硪、灯台硪、木夯等八十六种器具。卷三为《抢护器具》，收录了大埽、捆厢大船、苇缆、麻缆、埽脑、钩绳扶、揪头绳扶、骑马扶、太平棍、跳棍、䑽桩船、云梯、云硪、埽枕等六十三种器具。卷四为《储备器具》，收录了土簸箕、土车、条船、圆船、柳船、水志、四轮车等七十五种器具。

《河工器具图说》在郭成功《河工器具图》的基础上，系统总结了河工器具的使用情况，以图谱形式详述治河工程器具的名称、沿革、构造、使用，填补了河工器具专书的空白。该书突破了治河典籍中重道轻器的思想，对后世水利史的研究甚至水利实践均有重要的参考价值。

《河工器具图说》最早版本为南河节署道光十六年（1836年）刻本，即"道光丙申镌""雪荫堂藏板"。另有"苏州刊本"，书后有"姑苏阊门外洞泾桥西吴学圃局刻"等字。2015年中国水利水电出版社《中国水利史典·黄河卷三》收录武强的整理点校本。

五、综合

14　清代　完颜麟庆　《黄运河口古今图说》

　　治河难，治河而兼治漕则尤难。我国家岁漕东南数百万粟，皆藉淮渡河而北，上达天庾。顾河常强淮常弱，非有人力以低昂之，鲜克有济。所以三百年来，河口情形屡易，而成此局也。

——《河口图说序》

　　《黄运河口古今图说》，清完颜麟庆撰。

　　黄运河口，指黄河夺淮之后与运河的交汇处。此处是运河南北交通的咽喉之地，因为黄河所携带的泥沙较多，黄河与运河的河口容易淤塞，于是明清时期河口成为运河与黄河治理的重点。明代潘季驯为了保障运河的畅通，使黄河能够大溜直下海口，因此修筑洪泽湖大堤，抬高淮河的清水，用以冲刷黄河的泥沙，以此来保障河口的畅通无阻。到了清代，河口的泥沙、水情变得很复杂，经过靳辅、张鹏翮等人的治理，清初的河口在较长一段时间比较畅通，但到了嘉庆、道光年间，河口的形势又渐渐严重，不得已采用灌塘济运的方法，使运河上的漕船逐段渡过这一段河道。麟庆在淮安任职期间大量搜集资料，研究历史变化，将明嘉靖年间至清道光十八年（1838年）河口变化绘为十幅简图，并加上图说，于是有了《黄运河口古今图说》一书。

《黄运河口古今图说》不分卷，含图十幅、图说十篇。卷前有《河口图说序》，正文分别为《前明嘉靖年河口图说》《康熙十一年河口图说》《康熙十五年后河口图说》《康熙三十四年后河口图说》《乾隆三十年前河口图说》《乾隆四十一年河口图说》《乾隆五十年河口图说》《嘉庆十三年河口图说》《道光七年河口图说》《道光十八年河口图说》十篇。附录为徐仰庭的《河口灌塘渡运说》与沈香城的《河口说》。

《黄运河口古今图说》重点记载了清代黄河、运河河口的变迁与沿革，对研究该地区河道的变迁、治理有着重要的价值。

《黄运河口古今图说》有道光二十一年（1841年）云荫堂刻本。2004年线装书局出版《中华山水志丛刊》收录该书影印本。2015年中国水利水电出版社《中国水利史典·黄河卷一》收录马洪良的整理点校本。

15　民国　武同举　《两轩賸语》

余既纂述《淮系年表》，弁以详图，殿以附编，又取近十数年中关于水利杂稿，汰其三之一，重付手民，藉留鸿爪。

——民国十六年秋《自记》

《两轩賸语》，武同举著。根据武同举的《自记》，该书是在编撰《淮系年表》之后，作者将自己关于水利的文章进行了汇总与删减，重新刊印而成。

《两轩賸语》收录了武同举关于水利的文章二十六篇。按照原书顺序分别为《吁兴江北水利文》《江苏江北水道说》《江苏江北运河为水道统系论》《江苏淮南水道变迁史》《江苏淮北水道变迁史》《导淮入江入海刍议》《泗、沂、沭分治、合治刍议》《淮、泗、沂、沭蓄泄谈》《水鉴一斑》《导淮罪言》《扬州筹运局图表校勘录》《收回归江坝管理权记》《江都县城厢图附记》《读马陵山测图笔记》《督办江苏运河工程局季刊小引》《勘淮笔记序》《齐译美工程团勘淮报告书序》《茅谦水利刍议序》《民国初修泗阳县志序》《促进导淮商榷书》《覆金君松岑书一》《覆金君松岑书二》《会勘江北运河日记》《谈水笔尘》《海州平面图测角记》《测勘海州港口乡导记》。

其中，首篇作于民国四年（1915年）五月的《吁兴江北水利文》，是针对"江苏江北区域水利不兴，水患问题日益煎逼，丙午大灾，厥状极惨，自兹以降，无岁不灾，无灾不酷，海上诸义绅筹振几穷于应"的惨状，"恳请筹集巨款，立兴大工，为民造福"而作。作于民国六年（1917年）十二月的《江苏江北水道说》，附《制图记》，介绍了江苏江北的以废黄河为界的淮河与泗水、沂水、沭水的河道源流。《江苏江北运河为水道统系论》中的"横言之，可以淮水为纲，诸水为目；纵言之，可以运河为经，诸水为纬。此天然分明之统系"，详细介绍了江北运河的情况，并介绍了"江北有名之水"——泗水、沂水、六塘河，提出"故夫治运者，江北治水之一定义也。治旧黄河以南之运河，必治淮。治旧黄河以北之运河，必治泗、治沂、治沭，淮、泗、沂、沭治而运河治"。《江苏淮南水道变迁史》与《江苏淮北水道变迁史》详细介绍了淮河以南与淮河以北的河道变迁。《导淮入江入海刍议》中作者指出"淮，利水也，非祸水"，因为失其故道，从而为祸，进而指出"治水必以导淮为第一义"，但是海口的形势已经不允许淮河由故道入海，"故道行淮岂必全量，但能得三江营所不受之半量，畅出云梯，或暂分少量，先为高邮归海坝之替身，淮可治矣"。《泗、沂、沭分治、合治刍议》与《淮、泗、沂、沭蓄泄谈》主要讨论"江北之水，治淮必兼治泗、沂、沭，即暂不治淮，亦必先治泗、沂、沭。泗、沂、沭有直接、间接病淮之关系"。《水鉴一斑》主要介绍了江北地区黄河、淮河、沂河、沭水、泗水的源流，以及治泗、沂、沭的策略——导淮。《导淮罪言》中谈到"导淮之与论"、"导淮之路线"，以及"导淮之议决"。文中还附有实测旧黄河底高度比较表、断面高度比较表、横断面图以己意制为形势表。《扬州筹运局图表校勘录》中有《淮水图表》《里运河图表》《东下河图表》。《收回归江坝管理权记》作于民国九年（1920年）二月，鉴于"归海坝为泄淮辅助机关，不轻启放。归江坝为泄淮主要机关，每年视水势之大小按章启放。惟堵闭期限迄未有一定标准。启放迟早有局势利害之关系，堵开迟早有运输通塞之关系。管理之权匪细故也。归海坝启闭之管理权向由水利机关主之，至今率旧。归江坝启闭之管理权除新河一坝外，均归两淮运同主之，启闭愆时，极感不便，于是有收回管理之议"。《江都县城厢图附记》介绍了江都县城厢的历史沿革与现势。《会勘江北运河日记》详细记录了作者于民国五年（1916年）九、十、十一三个月间勘测江北运河的详情。

《两轩剩语》有民国十六年（1927年）铅印本。2020年中国水利水电出版社出版的《中国水利史典（二期）·淮河卷二》收录邹春秀的整理点校本。

16 《行水金鉴》《续行水金鉴》《再续行水金鉴》

《行水金鉴》《续行水金鉴》和《再续行水金鉴》是一部有关黄河、长江、淮河、济水、永定河和大运河等大江大河水系变迁、工程建设和管理历程等内容的文献汇编，资料序列长达 2000 多年，不仅可为水利史和工程技术史的研究提供基础资料，也可为大江大河治理方略的制定和规划的编制提供历史依据。

——《中国水利史典·行水金鉴卷·前言》

《行水金鉴》《续行水金鉴》《再续行水金鉴》收集了自先秦至清末长达 2000 多年的各类水利文献，是我国第一部系统整编的水利文献资料。其内容包括黄河、长江、淮河、运河以及永定河等水系的源流、变迁及建于其上的各类水利工程的规划、设计、施工和管理。该书按河流分类，按朝代年份编排，是研究水利史和工程技术史的基础性资料。该系列记录了黄、淮、运、长江等部分水系的水利史料，由曾在江苏供职的几代水利先贤所编纂。

其中，成书于雍正三年（1725 年）的《行水金鉴》，由清代淮扬道按察使傅泽洪主编，郑元庆编辑。正文共 175 卷，卷首《附图》1 卷，包括《河水》60 卷、《淮水》10 卷、《汉水》《江水》10 卷、《济水》5 卷、《运河水》70 卷、《两河总说》（黄河和运河）8 卷、《官司》《夫役》等 12 卷，总计约 160 万字。该书收录了自先秦至清康熙末年 370 多种水利文献中有关黄河、长江、淮河、运河、永定河等水系的源流、变迁和治水的文献资料，几乎囊括了当时所能见的全部文献图籍，故《四库全书总目提要》评价说"谈水道者，观此一篇，宏纲巨目，亦见其大凡矣""凡讲求水政者，莫不奉为圭臬"。该书侧重于总结河道兴废及河堤、闸坝疏筑塞防的经验教训，兼论官司、夫役、河道钱粮、漕规、漕运等事，目的是要供治水者借鉴，故称《行水金鉴》。

成书于道光十一年（1831 年）的《续行水金鉴》，由清代著名的河道总督黎世序和潘锡恩等人主持纂修，俞正燮等执笔，收录的资料时限上接《行水金鉴》，下迄嘉庆二十五年（1820 年）。《续行水金鉴》与《行水金鉴》体例基本相同，包括卷首与正文。卷首包括《序》《略例》和《图》等内容。正文包括《河水》50 卷、《淮水》14 卷、《运河水》68 卷、《永定河水》13 卷、《江水》11 卷，总计 156 卷，共约 200 万字。对于康熙六十年（1721 年）以前的资料，《行水金鉴》"未及备采者，依年月补叙于前，与前书相符"。

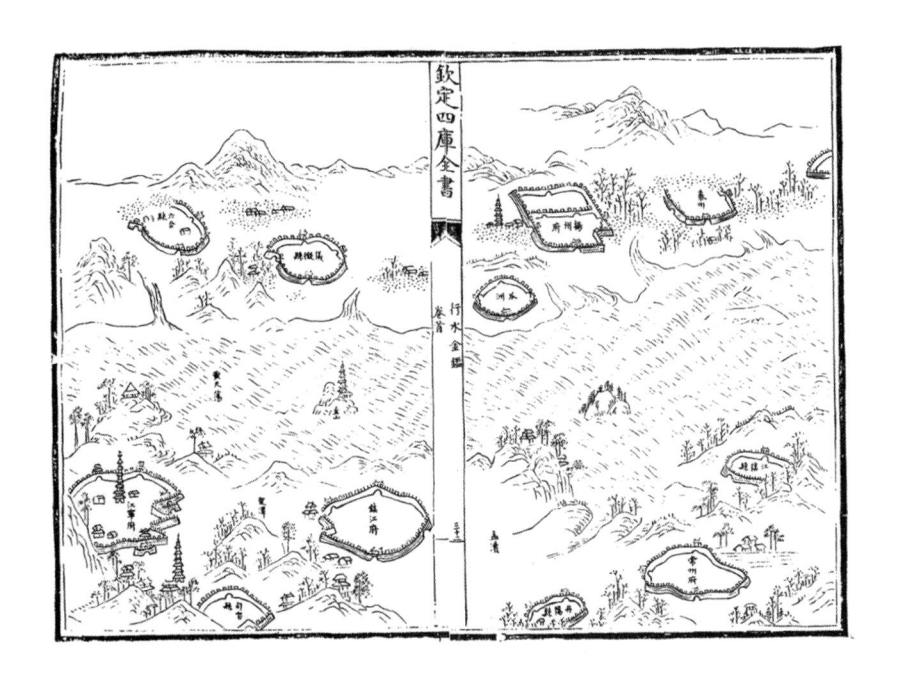

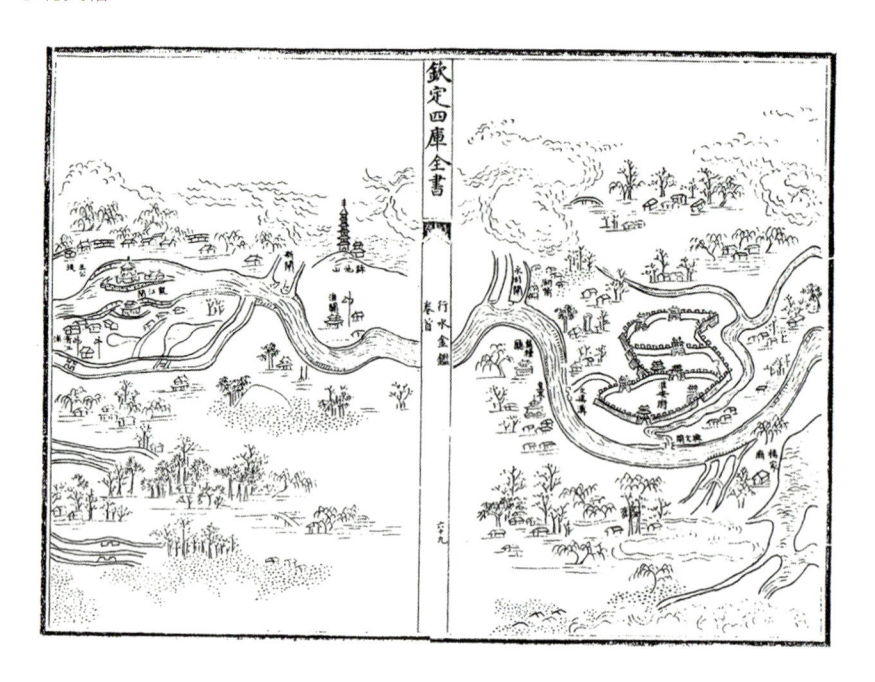

1936年，应各流域防洪规划编制的需求，全国经济委员会水利委员会第二次会议决定，设立"整理水利文献委员会"（即今中国水利水电科学研究院水利史研究所前身），由郑肇经主编，武同举、赵世暹编辑《再续行水金鉴》。该书历时16个月，于1937年6月基本完成。《再续行水金鉴》所收资料的时限上接《续行水金鉴》，下迄清末（1911年），编排方式与《续行水金鉴》大体相同，收集、整理了《清实录》《东华录》《会典》《谕折汇存》，以及各种档案、章奏、专著、方志等资料。《再续行水金鉴》全部手稿完成后，由武同举携至扬州，于1942年付印其中的《江水》《淮水》《河水》三部分，共160卷。但这些只是初稿，从1946年开始，由赵世暹主持，吴钊、朱更翎等人参加，对全部初稿重新进行校订、增补和点逗，至1953年基本完成，全文共约700万字。主持该项工作的郑肇经，字伯权，江苏泰兴县（今泰兴市）人，生于光绪二十年（1894年），卒于1989年。编修本书期间，郑肇经任中央水工试验所筹备主任、所长。参加编辑此书的武同举，字霞峰，别号两轩、一尘，江苏海州（今江苏连云港）人，生于同治十一年（1872年），卒于1944年，曾任全国经济委员会水利处整理水利文献委员会编纂等职。

1955年南京水利实验处编辑出版了《〈行水金鉴〉〈续行水金鉴〉分类索

引》，按河流归口、按年代排列、按现代水利工程技术分类，对每一条资料增制简明标题，逐条注明所在的卷、页、行，并附录《校勘随笔》，核实、订正《行水金鉴》1344 条、《续行水金鉴》678 条。

《行水金鉴》《续行水金鉴》和《再续行水金鉴》三书首尾衔接，系统地汇总了中国古代各主要河流的文献资料。

《行水金鉴》有四种版本。最初为木刻本；第二种是《四库全书》本；第三种是《国学基本丛书》本，竖排铅印；第四种是《万有文库》本，采用《国学基本丛书》本原版印刷。《续行水金鉴》有三种版本。最初为木刻本，第二种、第三种与《行水金鉴》一样，均为《万有文库》与《国学基本丛书》本。《再续行水金鉴》曾由中国水利水电科学研究院水利史研究室重新整理，湖北人民出版社 2004 年出版简体横排本。2020 年，中国水利水电出版社出版的《中国水利史典·行水金鉴卷》收录了《行水金鉴》《续行水金鉴》和《再续行水金鉴》，为王英华、朱云枫、杜龙江、李云鹏、周波、万金红、张伟兵、杨伶媛、邓俊、刘建刚、戴甫青等十一人的繁体整理本。

水利典籍

17　民国　武同举　《江苏水利全书》

　　生平致力于水利文献史料之搜集，整理编纂，独辟蹊径，著作等身，造诣卓绝，而已《江苏通志水工稿》一书，对于目前开发华东水利问题，尤富参证研讨之价值。

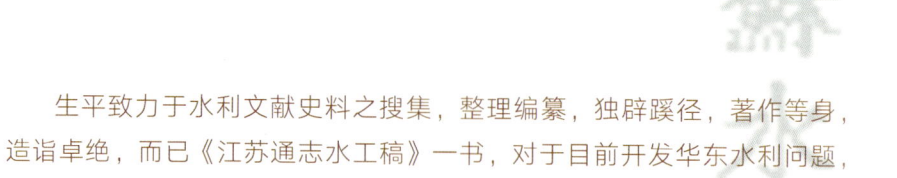

——《江苏水利全书·代序》

　　《江苏水利全书》，武同举纂。

　　武同举一生致力于对水利文献的整理，民国十六年（1927年），武同举应江苏通志局聘请，编纂《江苏通志水工稿》，后因经费无着停罢。武同举"年江苏自江南分省后，通志屡修无成。二百年间，水利文献，时虞废坠，倘不继续成编，势必贻后来文献无证之憾"。于是，"爱以橐笔余晷，力任纂辑。中经变乱，备历艰危，直至民国二十九年，始克完成《私纂江苏通志水工稿》"。该书"凡四十巨册，都百余万言"。民国三十年（1941年）春，由韩国钧作序，并定名《江苏水利全书》。1950年冬，《江苏水利全书》由南京水利实验处刊印出版。

《江苏水利全书》共七篇，四十三卷，按编年体写法，汇集了上自公元前2286年的大禹治水，下至1929年四千年间江苏的河、湖水系的历史变迁、水患治理，以及兴修水利的史料。其中，卷首为武可清等捐献本书稿本原函、本处（南京水利实验处）上南京市军事管制委员会水利部报告、本处复谢武可清等函、南京市军事管制委员会水利部刘部长复谢武可清等函组成的代序，韩序，弁言，目录，江苏全省水道图。第一编为全书卷一至卷四，为《江》，附录介绍了秦淮水、滁水，具体有秦淮河及赤山湖、胭脂河，滁河及朱家山河。第二编为全书卷五至卷十一，为《淮》，附录介绍了自宋至清咸丰年间的旧黄河史略。第三编为全书的卷十二至卷二十六，为《江北运河》，附录介绍了江北运河水系，包括中运河水利，具体有微山湖源流、沂水、沭水、盐河；里运河水系，具体有运河湖河、下河水利、通扬运河、归江坝河、仪征运河。第四编为全书卷二十七至卷三十，为《江南运河》，附录介绍了江南运河水系，分为运河北部（旧称常镇运河）、南部入太湖流域，包括镇锡运河北岸水系，具体有丹徒港、越河港、包港及九曲河、孟河、得胜河、北塘河及澡港、桃花港、芦埠港、申港、夏港、黄田港及江阴运河、泰伯渎（俗称伯渎港）、蠡河（俗称常昭漕河），至于蠡河口以下详见《太湖流域》编；镇锡运河南岸水系，具体有香草河、简渎河（即麦延溪）、珥渎河（即金坛漕河）、吕渎港、直渎（俗称扁担河）、西蠡河（即武进南运河，一称石龙嘴河，南达宜兴，旧称宜荆漕河）、梁溪、沙墩港，至于沙墩港口详见《太湖流域》编。第五编为全书卷三十一至卷三十七，为《太湖流域》，附录为《胥溪东坝考》。第六编为全书卷三十八至卷四十二，为《江南海塘》，具体有常熟、太仓、宝山、上海市、川沙、南汇、奉贤、松江、金山，附录介绍了崇明县海塘。第七编为全书卷四十三，为《江北海堤》，具体为自阜宁、盐城南迤海门、启东的范公堤。附录介绍了古代云台山海堰。卷尾为民国三十三年（1944年）二月武同举自作《跋》一篇，记述该书编纂经过。

　　《江苏水利全书》将江苏的水利史进行了系统、全面的整理，对研究江苏河、湖水系的沿革，水利的兴废，有着极其重要的价值和意义。韩国钧在其序中曾言其书"水道脉络、水工故实，条理井然。其所搜罗历代书史、河防专著、地方志乘、时人图表记录等，不下百数十种，岂惟备供省志采辑，吾江苏水利工程之兴举，亦必以此为千秋金鉴"。

　　1949年8月27日，武同举之子武可承、武可清、武可镇将《江苏水利全书》书稿捐献给中央水利实验处，实验处于本年9月23日上报南京市军事管制委员会水利部。1950年冬，《江苏水利全书》由南京水利实验处刊印出版。

与江苏有关的水利典籍书目（本书未专门撰文介绍）

年代	书名	作者	版本
北魏	水经注	郦道元	最早为宋版残本
元代	治河图略	王喜	清代嘉庆墨海金壶本
明代	高家堰记	丁士美	民国《扬州丛书》本
明代	治河通考	刘隅	明嘉靖十二年刻本
明代	三吴水利图考	吕光洵	明嘉靖四十年刻本
明代	治水筌蹄	万恭	明万历年间刊本
明代	治河管见	潘凤梧	明万历年间刻本
明代	漕河图志	王琼	明刊本
明代	治河奏疏	李化龙	《四库全书》直隶总督采进本
明代	船政新书	倪涷	明代万历年间刻本
明代	通漕类编	王在晋	明代万历年间刻本
明代	南船志	沈（户攵山）	清刻本
明代	南河全考	朱国盛、徐标	明崇祯六年刻本
清代	靳文襄奏疏	靳辅	《四库全书》直隶总督采进本
清代	历代河渠考	万斯同	清抄本
清代	两河清汇	薛凤祚	《四库全书》山东巡抚采进本
清代	河防志	张希良	清雍正年间刻本
清代	河漕备考	朱鋐	清抄本
清代	历代黄河指掌图说	朱鋐	清抄本
清代	防河奏议	嵇曾筠	清雍正十一年刻本
清代	漕运则例纂	杨锡绂	清乾隆刻本
清代	漕行日记	李绂	清乾隆刻本
清代	南河宣防录	白钟山	乾隆年间刻本
清代	太镇海塘纪略	宋楚望	乾隆十九年刻本
清代	水道提纲	齐召南	乾隆四十一年刊本
清代	河渠纪闻	康基田	清嘉庆刊本
清代	黄淮安澜编	龚元玠	清嘉庆二十三年刻本
清代	历代河防类要	徐璈	道光元年刻本

续表

年代	书名	作者	版本
清代	河漕通考	黄承元	清抄本
清代	黄运河口古今图说	完颜麟庆	道光年间刻本
清代	江苏海运全案	贺长龄	道光六年刻本
清代	安澜纪要	徐端	道光二十二年河库道刊本
清代	回澜纪要	徐端	道光二十二年河库道刊本
清代	马棚湾漫工始末	范玉琨	《小灵兰馆家乘》本
清代	河防纪略	孙鼎臣	咸丰九年刻本
清代	复淮故道图说	丁显	同治八年刊本
清代	导淮图说	丁显	同治八年刻本
清代	长江图书	马征麟	同治九年刻本
清代	江苏海塘新志	李庆云	光绪十六年刻本
清代	江北治河要策	章钧	光绪三十三年刊本
清代	南河边年纪要	袁青绶	稿本
清代	河务所闻集	李大镛	抄本
清代	扬州水利论	佚名	民国《扬州丛书》本
民国	武进市区浚河录	佚名	民国二年刊本
民国	会堪江北运河日记	武同举	民国五年铅印本
民国	勺湖志	毛乃庸	民国抄本
民国	开浚练湖意见书	朱渊	民国铅印本
民国	勘淮笔记	沈秉璜	民国十五年铅印本
中华人民共和国	清代河臣传	汪胡桢	1936年《中国水利珍本丛书》本

备注：附表收录的"与江苏有关的水利典籍"，此次没有专门撰文介绍，附录于此，聊以备考。